精装房
软装设计

DECORATION
DESIGN BOOK

细部设计搭配法则

李江军◎编

中国电力出版社
CHINA ELECTRIC POWER PRESS

内 容 提 要

本书从软装设计元素的角度出发，把风格、配色、窗帘和地毯、家具、灯具、插花、摆件和墙面装饰品、装饰画和照片墙八章内容。书中详细分析了时下流行的六类风格的家居空间常用软装设计要素，并通过软装单品实际应用案例进行分析。软装配色内容从基础知识入手，再延伸到家居空间常用的四种基本配色方案。窗帘、地毯、家具、灯具、插花、摆件和墙面装饰品等软装产品的选择和摆设是精装房空间软装设计的重要环节，也在书中进行了全面的分析。

图书在版编目（CIP）数据

细部设计搭配法则 / 李江军编．— 北京 ：中国电力出版社，2021.10
（精装房软装设计）
ISBN 978-7-5198-5761-5

Ⅰ．①细… Ⅱ．①李… Ⅲ．①住宅－室内装饰设计－细部设计 Ⅳ．① TU241.01

中国版本图书馆 CIP 数据核字（2021）第 126170 号

出版发行：中国电力出版社
地　　址：北京市东城区北京站西街 19 号（邮政编码 100005）
网　　址：http://www.cepp.sgcc.com.cn
责任编辑：乐　苑　（010-63412380）
责任校对：黄　蓓　于　维
装帧设计：唯佳文化
责任印制：杨晓东

印　　刷：北京九天鸿程印刷有限责任公司
版　　次：2021 年 10 月第一版
印　　次：2021 年 10 月北京第一次印刷
开　　本：787 毫米 ×1092 毫米　16 开本
印　　张：12
字　　数：314 千字
定　　价：68.00 元

目录

Contents

第一章

流行家居软装风格的类型

@ GNU设计

大多数设计风格是由特定的生活方式经过长期的积累和沉淀所造就，还有一些设计风格是由某些或者某个人物所创造或者主导。家居空间常见的装饰风格有简约风格、北欧风格、工业风格、美式风格、法式风格、中式风格等。无论是业主还是设计师，在做方案前都需要首选确定装饰设计的基本格调，例如是现代感十足还是古典味浓厚。

简洁和实用的简约风格

 简约风格装饰特征

在时下的家居设计中，简约风格非常受欢迎。简约的线条、着重功能的设计最符合现代人的生活，简约风格并不是在家中简单地摆放家具，而是通过材质、线条、光影的变化呈现出空间质感。

材质的使用影响着空间风格的质感，简约风格在装饰材料的使用上更为大胆并富于创新。玻璃、陶瓷、实木、金属等材质最能呈现出简约的风格特色，不但可以创造出视觉延伸的空间感，并且使空间更为简洁。另外，具有自然纯朴本性的石材、原木也适用于现代简约风格空间，呈现出另一种时尚温暖的质感。

想要打造现代简约风格，首先一定要对空间线条重新进行整理，整合空间垂直与水平线条，讲求对称与平衡，不做无用的装饰，呈现出利落的线条感。其次，除了线条、家具、色彩、材质，明暗的光影变化更能突显出空间的质感。光影的变化包含自然采光和人工光源，自然采光受限于空间条件，但也并非不能改善，可以通过空间设计的手法引光入室。

△ 家居空间呈现出简洁利落的线条感是现代简约风格的主要特征之一

△ 在简约风格的家居空间中，黑白色一直是最经典的配色组合之一

简约风格设计类型

◎ 现代极简风格

不管是硬装造型还是后期的家具，都以极简线条和造型为主，在保证使用功能的前提下，基本不会有多余的设计，给人简洁利落的印象。在极简风格的软装中，产品的品质和细节设计更加容易显现出来，因此对设计要求其实是很高的。

多数极简风格会选择纯度统一的大块颜色作为基础色系。

家具崇尚"少即是多"的美学原则，线条简洁流畅，强调功能性设计。

常用无主灯设计，空间内通过增设轨道灯、筒灯、落地灯和台灯等实现照明。

◎ 现代轻奢风格

现代轻奢风格是一种极其精美的室内装饰风格，摒弃了传统意义上的奢华与繁复，在继承传统经典的同时，还融入了现代时尚元素，让室内空间显得更富有活力。在装饰材料的使用上，从传统材料扩大到了玻璃、金属、丝绒以及皮革等。

轻奢的空间打造少不了金属、镜面等高冷的材质，所以在布艺的搭配上，应该利用织物本身的细腻、垂顺、亮泽等特点来调和冷冽的金属感。

轻奢风格的室内空间常常大量使用金属色，以营造奢华感。金属色的美感通常来源于它的光泽和质感，因此金属色最常体现在家具的材质上。

轻奢风格空间通常采用金属、水晶以及其他新材料制造的工艺品、纪念品，与家具表面的丝绒、皮革一起营造出华丽典雅的空间氛围。

◎ 日式简约风格

日式风格崇尚简约、自然以及秉承人体工程学的特点，较多使用自然质感的材料，追求一种淡泊宁静、清新脱俗的生活。现代人所提及的日式简约风格，在日本品牌"MUJI"无印良品中全部表现了出来——设计简洁、高冷文艺。

榻榻米是日式风格典型的元素，同时也可节省空间。

家具一般比较低矮，造型简洁，棱角多采用自然圆润的弧度设计。

配色大多来自大自然的颜色，如米色、白色、原木色、麻色、浅灰色、草绿色等。

简约风格 **10** 个软装设计要素

01

窗帘可选择纯布棉、麻、丝等肌理丰富的材质，色彩上多选用纯色，不宜选择花型较多的图案。

02

花瓶造型上以线条简单或几何形状的纯色为佳，白绿色的花艺或纯绿植与简洁干练的空间是最佳搭配。

03

家具线条简洁流畅，无论是造型简洁的椅子，或是强调舒适感的沙发，其功能性与装饰性都能实现恰到好处的结合。

04

常用无主灯设计，空间内通过增设轨道灯、筒灯或者落地灯和台灯等实现照明，灯具材质多为亚克力、玻璃、金属等。

05

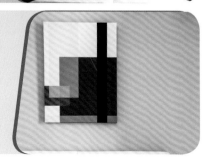

装饰画内容选择范围比较灵活，抽象画、概念画以及科幻、宇宙星系等题材都可以尝试一下。

06

装饰材质以现代感强烈的金属、镜面、玻璃、人造石为主。

07

去除一切繁复设计，例如不使用雕花、踢脚线、石膏线等。

08

不拘泥于单色的墙面，用几种柔和的颜色把墙面刷成淡淡的几何图案，受到时下年轻人的喜爱。

09

纯色地毯、几何图案的地毯简约而不失设计感，深受年轻居住者的喜爱。

10

尽量挑选一些造型简洁的高纯度色彩的摆件，数量上不宜太多，否则会显得过于杂乱。材质上以金属、玻璃或者陶瓷为主。

简约风格软装单品解析

立体方格抽象画（60cmX60cm）
约 **500** 元 / 幅

仿真柠檬果枝
约 **25** 元 / 枝

4 头金属烛台
约 **300** 元 / 个

仿真榕树枝叶绿植
约 **18** 元 / 枝

大理石花瓶（中号）
约 **220** 元 / 个

现代轻奢创意玻璃果盘
约 **400** 元 / 个

假书摆件
约 **30** 元 / 册

简风抽象线条石膏像挂画（一套四幅 50cmX50cm）
约 **480** 元 / 套

树脂跳水运动人物造型摆件
约 **680** 元 / 个

黑色实木相框（6 寸）
约 **100** 元 / 个

贴近自然的北欧风格

● 北欧风格装饰特征

在北欧文化中，人们对家居以及生活中的杂物都比较重视。环保、简单、实用的现代理念渗透到了北欧人生活中的方方面面。由于北欧地区气候严寒，人们长期生活在室内，造就了他们丰富且精美的民族工艺。简单实用、就地取材以及大量使用原木与动物皮毛，是早期北欧风格的特点。

△ 北欧风格软装设计方案

△ 北欧家居的硬装一般不用纹样和图案装饰，而是以简洁的线条以及色块来点缀

△ 注重对自然的表现，尽量保持材料本身的自然肌理和色彩

△ 北欧家居强调室内通透，最大限度引入自然光

北欧风格的家居设计源于日常生活，因此在空间结构以及家具造型的设计上都以实用功能为基础。例如，大面积的白色、线条简单的家具以及通透简洁的空间结构设计，都是为了满足北欧家居对采光的需求。

北欧有丰富的木材资源，所以在家居环境中基本上使用的都是未经精细加工的原木。这种木材最大限度地保留了木材的原始色彩和质感，有独特的装饰效果。

随着现代工业化的发展，北欧风格在保留了自然、简单、清新等特点的同时，空间设计形式也在不断地发展。如今的北欧风格家居设计已不再局限于就地取材，工业化的金属以及新材料也逐渐被应用到北欧风格的家居空间中。

北欧家居善用软装布置营造出一种简洁自然、随兴舒适的氛围

△ 尖顶或坡顶是北欧建筑的特点之一

北欧风格设计类型

◎ 北欧现代风格

北欧现代风格的室内空间在石木结构的基础上，增加了新元素的搭配与运用。同时，其空间设计融合了传统北欧风格的实用主义以及现代美学设计，并且强调自动化以及现代化的设施，如具有视听功能、时尚感十足的多功能家具以及家用电器等，不仅美观，而且十分符合现代人的使用习惯。

北欧现代风格在家具形式上，以圆润的曲线和波浪线代替了棱角分明的几何造型，呈现出更为强烈的亲和力。

在色彩上，常以白色为基础色，搭配浅木色以及高明度、高纯度的色彩为点缀。

北欧空间没有过多的造型装饰，因此需要搭配布艺、装饰画、艺术品等元素，以提升家居空间的装饰效果。

◎ 北欧乡村风格

北欧乡村风格是一种以回归自然的室内装饰风格，最大的特点就是朴实、亲切、自然。北欧乡村风格注重对自然的表现，常用房屋的自身结构设计作为空间装饰。在材质上，常见源于自然的原木、石材以及棉麻等，并且重视传统手工的运用，尽量保持材料本身的自然肌理和色泽。

贴近自然是北欧乡村风格的一大特色，因此可以考虑搭配一些手工编织的地毯和收纳篮，以体现乡村风格的特色与人文美，并让室内空间更为自然闲适。

北欧乡村风格十分注重家居空间与外部环境的融合，因此常将室外自然景致作为室内空间的装饰元素，让家居空间与大自然完美融合。

绿色会让家居空间显得清新自然，并且与北欧元素中的原木色搭配也十分协调，绿色、白色配以原木色可以营造出森林深处的静谧祥和。

◎ 北欧工业风格

近年来，北欧工业风格以其独特的装饰魅力，引领家居设计的潮流。陈旧的主题结构以及各种粗陋的空间设计是这一风格最为常见的表现手法，例如随处可见的裸露管线、不加修饰的墙壁，以及各种各样的金属家具。

北欧工业风格的墙面多保留原有建筑的部分容貌，例如，墙面不加任何装饰把墙砖裸露出来，或者采用砖块设计，或者只刷涂料，甚至可以用水泥墙来代替。

北欧工业风格整体的色彩多采取中性色，通常会让人感到一丝冷感。手工地毯虽小，却是营造温暖感的极佳元素之一。

由于北欧工业风格冷峻、硬朗而又充满个性，其室内空间一般不会选择色彩感过于强烈的颜色，而尽量选择中性色或冷色调作为主调，如原木色、灰色、棕色等。

北欧风格 **10** 个软装设计要素

01

北欧风格对空间的功能分区比较模糊，一般利用软装进行空间分割。

02

没有标志性的装饰图案，其典型图案均为经过艺术化的装饰花卉和彩色条纹。

03

白色、灰色系的窗帘是百搭款，只要搭配得适宜，窗帘上大块的高纯度鲜艳色彩也是北欧风格中特别适用的。

04

经常会在家居空间中使用大面积的纯色，在色相的选择上偏向白色、米色、绿色、浅木色等淡色基调。

05

家具一般选择浅色的未经精细加工的木材，保留木材的原始质感，在造型上突出实用性，完全不用纹样和雕刻。

06

地毯有很多选择，一些带有简单图案和线条感强的地毯可以起到不错的装饰效果，黑白两色的搭配也较为常见。

07

经典的北欧风格抱枕图案包括黑白格子、条纹、几何图案的拼凑、花卉、树叶、鸟类、人物、粗十字、英文字母 logo 等。

08

多以植物盆栽、相框、蜡烛、玻璃瓶、线条清爽的雕塑进行装饰。此外，围绕蜡烛而设计的各种烛灯、烛杯、烛盘、烛托和烛台也是北欧风格的一大特色。

09

鹿头壁饰一直都是北欧风格的经典代表，北欧风格的家居空间里，大多都会选择一个鹿头造型的饰品作为壁饰。

10

北欧风格挂画主要以现代抽象风格装饰画为主，一般选择留白比较多的抽象动物或者植物图案。

北欧风格软装单品解析

粉色落地铁艺台灯
约 **200** 元 / 盏

蓝绿色陶瓷花瓶
约 **80** 元 / 个

蓝绿色圆形实木茶几
约 **200** 元 / 个

三头简约造型吊灯
约 **260** 元 / 盏

实木搁板（长 100cm 宽 30cm 厚 2cm）
约 **100** 元 / 块

圆形原木实木茶几
约 **500** 元 / 个

黑色细框抽象挂画（三幅一组）
约 **300** 元 / 组

加厚布艺亚麻抱枕靠垫（50cmX50cm）
约 **50** 元 / 个

黑色铁艺落地灯
约 **160** 元 / 盏

复古格调的工业风格

工业风格装饰特征

工业风格在设计中会出现大量的工业材料，如金属构件、水泥墙、水泥地、做旧质感的木材、皮质元素等。格局以开放性为主，通常将所有室内隔墙拆除，尽量保持或扩大厂房宽敞的空间感。

工业风格的墙面多保留原有建筑的部分容貌，比如墙面不加任何装饰，直接把墙砖裸露出来，甚至可以用水泥墙来代替。为了突显空间的工业风格，室内会刻意保留并利用那些曾经属于工厂车间的材料、设备，比如钢铁、生铁、水泥和砖块，有时候旧厂房内的燃气管道、管道、灯具或者空调设备都会被小心地保留下来。室内的窗户或者横梁上都做成锈迹斑斑的样子，显得非常破旧。在顶面基本上不会出现吊顶材料，如果要保留原有的钢结构，包括梁和柱，稍加处理后尽量保持原貌，再加上对裸露在外的水电管线进行合理的安排，打造工业风格的空间。工业风格的地面最常进行水泥自流平的处理，有时会用补丁来表现自然磨损的效果。除此之外，木板或石材也是工业风格地面材料的选择。

△ 水泥和原木色应用在工业风格的空间中，能够营造出一种神秘的绅士气质

△ 绿植既可以减少工业风的冰冷感，更能让人感受到铺面而来的自然气息

除了木质家具，造型简约的金属框架家具也能带来平静的感觉，虽然家具表面失去了岁月的斑驳感，但金属元素的加入丰富了工业风格的主题，让空间利落有型。丰富的细节装饰也是工业风格表达的重点，同样起着填充空间及增添温暖感与居家感的作用，油画、水彩画、工业模型等会带来意想不到的效果。

Tolix 椅是经典的工业风格椅。于1934 年由 Xavier Pauchard 设计，它早期当作户用家具来设计，近年来，被全世界时尚设计师所宠爱，它顺利从室外扩展到家居、商业、展示等多个领域，被时尚界赞为"百搭第一"椅。

△ 工业风空间的格局以开放性为主，尽量保持一种宽敞的空间感

△ 通过后期软装的色彩缓和大面积水泥墙、地面带来的冰冷感

工业风格设计类型

◎ 极简工业风格

极简工业风格和极简主义一样，在保留房屋原本结构的基础上，设计师都追求与展现原始的本质和简洁的装饰，形式上倾向于简单几何造型或流畅线条，主张省去繁复的装饰，让家显得更加自由而不复杂，如今也受到了很多人的追捧。

由于房间整体呈灰色调，需要搭配有视觉冲击的艳丽色彩，可选择具有较强视觉冲击力的红、黄、蓝等高纯度的颜色与之搭配。

裸露的水泥墙面是极简工业风格的基本元素之一，除了直接用水泥材质，水泥板也是设计师非常喜欢的装饰材料，其不像普通水泥那样，施工难度较低，装饰效果非常考验工人的手艺。

◎ 复古工业风格

这类有着复古和颓废艺术范的风格散发着硬朗的旧工业气息，在设计中会用到大量的工业材料，如金属构件、水泥墙和水泥地、做旧质感的木材、皮质元素等。格局以开放性为主，通常将所有室内隔墙拆除，尽量保持或扩大宽敞的空间感。

黑、白、灰最能展现工业风格的主色调，不仅可以营造出冷静、理性的质感，还可以大面积使用。黑色冷酷且神秘，白色优雅且轻盈，两者混搭可以创造出更多层次的变化。

复古工业风格灯具的灯罩常用金属材质的圆顶造型，表面经过搪瓷处理或者模仿镀锌铁皮材质，常见绿锈或者磨损痕迹的做旧处理。很多工业风格空间中常将表面喷涂无光的灯具与抛光锃亮的灯具混合使用。

皮质家具本身具有年代感，特别是做旧的质感很有复古的感觉。工业风格擅长展现材料自然的一面，因此，可选择原色或带点磨旧感的皮革，颜色以深棕或黄棕色为主，其经过使用后会产生自然龟裂并改变色泽。

工业风格 10 个软装设计要素

01

挂画的题材可以是具有强烈视觉冲击力的大幅油画、广告画或者地图，也可以是一些手绘画，或者是艺术感较强的黑白摄影作品。

02

抱枕多选用棉布材质，表面呈现做旧、磨损和褪色的效果，通常印有黑色、蓝色、红色的图案或文字。

03

对家具的包容度很高，可以直接选择金属、皮质、铆钉等工业风格家具，或者现代简约家具。例如皮质沙发搭配海军风的木箱子、航海风的橱柜、Tolix 椅子等。

04

不刻意隐藏各种水电管线，而是通过位置的安排以及颜色的配合，将它转变成室内空间的视觉元素之一。

05

砖块的缝隙可以呈现出有别于一般墙面的光影层次，裸砖墙常用黑、白、灰的涂料进行粉刷。

06

工业风格经常将化学试瓶、化学试管、陶瓷或者玻璃瓶等作为花瓶。绿植类型优选宽叶植物，树形通常比较高大。

07

工业风格给人的印象是冷峻、硬朗以及充满个性，原木色、灰色等低调的颜色更能突显工业风格的魅力。相比于白色的鲜明、黑色的硬朗，灰色则更显内敛。

08

窗帘布艺的材质一般采用肌理感较强的棉布或麻布，这样更能够突出工业风格空间粗犷、自然、朴实的特点。

09

常见的摆件包括旧电风扇、旧电话机或旧收音机、木质或铁皮制作的相框、放在托盘内的酒杯和酒壶、玻璃烛杯、老式汽车或者双翼飞机模型。

10

造型简单、工艺做旧的工业吊灯，裸灯泡、爱迪生灯泡等突出了工业风格的简单直接。

工业风格软装单品解析

三头创意玻璃吊灯
约 **740** 元 / 盏

无铅玻璃醒酒器
约 **100** 元 / 个

宝石绿铁艺椅子
约 **350** 元 / 把

复古望远镜摆件
约 **600** 元 / 只

黑色圆肚细口陶艺花瓶
约 **200** 元 / 个

进口牛骨收纳盒摆件
约 **600** 元 / 个

白色极简三角台灯
约 **100** 元 / 盏

黑色细框泼墨图案挂画
（40cmX60cm,60cmX80cm）
约 **400** 元 / 套

懒人沙发豆袋
约 **200** 元 / 个

休闲随性的美式风格

 美式风格装饰特征

美式风格是来自美国的室内装饰风格。美国作为一个移民国家，在短暂的历史文化中，深受殖民文化的影响，因此其家居装饰风格在英式风格及欧式风格的基础上，融合了各个国家的设计特点和装饰元素。

美式家居设计上讲求随性、理性和实用性，不会出现太多造作的修饰。

△ 印第安文化和白头海雕图腾在美式家居设计中的运用

△ 美式风格的设计在注重实用性的同时，通常显得十分随性

美式风格传承了美国的独立精神，注重通过生活经验的累积，以及对品位的追求，从中获得家居装饰艺术的启发，并且摸索出独一无二的空间美学。比如，美国影视作品里的美式家居，有家人的照片在角落里，有不舍得放弃的阳台、小花园，有开放式厨房萦绕着全家的笑声，有明亮的浴室让人消除疲倦。

在装饰材料上，美式风格常使用实木，特点是稳固扎实，长久耐用，例如北美橡木、樱桃木等。在沙发造型上，多采用包围式结构，注重舒适感，圆形的扶手和拱形的靠背实用又舒适。护墙板是美式风格中不可忽略的细节，不仅形式丰富多样，而且可以平衡和协调家居空间，巧妙地运用能够增强立体感，并为居家设计增添细腻度。此外，壁炉是美式风格家居必不可少的元素。古典的美式壁炉设计得非常大气，复杂的雕刻突显出美式风格的特色。现在，美式风格壁炉设计变得简单美观，简化了线条和雕刻，呈现出新的面貌。以自然风格为主的空间，可以用红砖或粗犷石材砌成壁炉样式，有将整面墙做满以和做单一壁炉台两种样式。

△ 木饰面板搭配吊扇灯展现美式风格追求自然与原生态的特征

△ 大量实木材料的运用和宽大舒适的家具是美式风格的最大特征

△ 具有复古感的美式家具表现出对历史的怀念

美式风格设计类型

◎ 美式古典风格

美式古典风格受到欧洲各式装饰风潮的影响，仍然保留着精致、细腻的气质，在材质及色调的运用上呈现出粗犷的质感和做旧年代感，营造温馨的古典氛围。地面大都以深色木纹的地板来标志美式风格特色。美式古典风格的家具在结构、雕饰和色调上往往显得细腻高贵，于耐人寻味中透露着亘古久远的芬芳。

美式古典风格的色彩搭配一般以深色系为主，深色的运用可以让整个空间显得稳重且优雅，并且富有古典美。此外，如能点缀适量柔和的色彩，还可以为古典的空间营造出温馨的氛围。

美式风格床品的色调一般采用稳重的褐色或者深红色，在材质上，多使用钻石绒布或者真丝做点缀，花纹一般是简单的古典图腾，在抱枕和床旗上通常会出现大面积寓意吉祥的图案。

在美式古典风格空间中，往往会使用大量深色的实木家具，风格偏向古典欧式，但和欧式家具在一些细节的处理上却有着明显的差异，强调简洁、明晰的线条和优雅、得体有度的装饰以及更强的实用性。同时还可以适当地使用雕刻做旧的工艺手法，突显出美式古典风格复古唯美的特点。

◎ 美式乡村风格

　　美式乡村风格是由美国乡村居住方式演变而来的一种家居装饰形式，它在传统与严谨中带有一丝自然随意的感觉，并且兼具古典主义的优美造型与美式风格的功能。因此无论宽大厚重的家具，还是带有岁月沧桑痕迹的配饰，都呈现出既简洁明快又温暖舒适的感觉。美式乡村风格非常重视自然舒适性，充分显示出乡村的朴实风格。

　　美式乡村风格有着自然舒适的空间特点，因此色彩多以自然色调为主，尤其是墙面，以自然、怀旧、散发质朴气息的色彩为首选，在家具以及软装饰品的色彩运用上，则以朴实、怀旧、贴近大自然为主。

　　花布是美式乡村风格中经典且不可或缺的元素，而格子印花布及条纹花布则是美式乡村风格的代表元素，尤其是棉布材料的沙发、床品、抱枕、窗帘等最能彰显美式乡村风格自然舒适的质感。

　　原木、藤编与铸铁都是美式乡村中常见的材质，经常运用于空间硬装、家具或灯具上。此外，温莎椅、小碎花布、小麦草、水果、瓷盘以及铁艺制品等都是乡村风格空间中常用的软装饰品。

◎ 现代美式风格

现代美式风格家居摒弃了传统美式风格中厚重、怀旧、贵气的特点。由于现代美式风格善于运用混搭的形式去营造舒适优雅的家居氛围，因此不需要太多的色调进行装饰。这种简约的空间配色形式营造出一种温馨舒适的家居环境。现代美式风格常利用浅色系的墙面、顶面以及沙发等装饰空间，再搭配深色的木地板、茶几，给人以简洁大方又高贵典雅的感觉。

现代美式风格家居空间的色彩搭配往往呈现低调高雅的质感，同时又兼具一种利落干练之美。如能在此空间中点缀少许金属色，还能为家居环境增添一缕华丽的现代感。

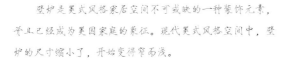

壁炉是美式风格家居空间不可或缺的一种装饰元素，并且已经成为美国家庭的象征。现代美式风格空间中，壁炉的尺寸缩小了，开始变得窄而浅。

现代美式风格家具具有舒适、线条简洁与质感兼备的特色，造型方面多吸取法式和意式中优雅浪漫的设计元素，材质上多以布艺为主，以皮质为辅。

美式风格 10 个软装设计要素

01

美式风格崇尚自然纯朴的氛围，绿植花卉必不可少，可随意自由地摆放。

02

窗帘可选择浓而不艳、自然粗犷的土褐色、酒红色、墨绿色、深蓝色等，材质上可选择印花布、纯棉布以及手工纺织的麻织物。

03

美式风格空间中的木材一般选用胡桃木或枫木，保留木材原始的纹理和质感，还刻意增添做旧的瘢痕和虫蛀的痕迹。

04

花瓶以陶瓷材质为主，工艺大多是冰裂釉和釉下彩，表面有浮雕花纹、黑白建筑图案等。

05

装饰画的画面往往铺满整个实木画框，小鸟、花草、景物、几何图案等都是常见主题，画框多为棕色或黑白色实木框。

06

美式风格空间多选用体量大的家具，以彰显自由奔放的气质，沙发上可多摆放一些抱枕。

07

追求一种自由随意、简洁、怀旧的感觉，色彩搭配上追求自然的色彩，以暗棕色、土黄色为主色系。

08

在原本光鲜的家具表面故意留下刀刻点凿的痕迹，给人一种用过多年的感觉。油漆表面多为暗淡的哑光色。

09

美式风格灯具大多以凸显复古粗犷的气质为主，如仿古铁艺吊灯、铜质吊灯、蜡烛灯、麻绳灯、鹿角吊灯以及吊扇灯等。

10

常用一些仿古艺术品作摆件，例如地球仪、旧书籍、做旧雕花实木盒、表面略显斑驳的陶瓷器皿、动物造型的金属或树脂雕像等。

美式风格软装单品解析

鹿角吊灯
约 **5000** 元 / 盏

加大版树脂鹿头壁挂
约 **250** 元 / 个

复古情侣鹿摆件（大号）
约 **100** 元 / 组

8 头美式铁艺吊灯
约 **400** 元 / 盏

雪山羊头骨仿真树脂摆件
约 **520** 元 / 个

树脂小鸟摆件
约 **80** 元 / 个

美式复古花鸟陶瓷挂盘（一套 4 个）
约 **200** 元 / 套

花鸟陶瓷鼓凳
约 **180** 元 / 个

蓝色冰裂纹小口陶瓷花瓶
约 **100** 元 / 个

高贵典雅的法式风格

法式风格装饰特征

　　法国位于欧洲西部，作为欧洲的艺术之都，其装饰风格是多样化的，各个时期的室内装饰风格都可以见到。在文艺复兴时期，古典欧式风格中的洛可可、巴洛克风格在欧洲室内设计风格中起到了无法替代的关键作用。而后，逐渐形成了法式风格和英式风格等具有代表性的室内装饰风格。

△ 法式风格的家居设计通常注重对称的空间美感

△ 传统法式风格通常摆设描金瓷器与金属烛台以营造高贵感

△ 蓝色是法式风格的象征色之一，搭配金色以及雕花墙面更能体现高贵的气质

法式风格的空间色彩娇艳，偏爱金、粉红、粉绿、嫩黄等颜色，并用白色调和。装饰题材多以自然植物为主，使用变化丰富的卷草纹样、蚌壳般的曲线、舒卷缠绕着的蔷薇和弯曲的棕榈。为了更接近自然，一般不使用水平的直线，而用多变的曲线和涡卷形象，它们的构图不是完全对称，每一条边和角都可能是不对称的，变化极为丰富，令人眼花缭乱，有自然主义倾向。

传统法式风格家具追求极致的装饰，在雕花、贴金箔、手绘上力求精益求精，或粉红，或粉白，或粉蓝灰色的色彩搭配漆金的堆砌小雕花，充满贵族气质。法式新古典主义继承了传统法式家具的苗条"身段"，无论柜体、沙发还是床的腿部都呈轻微弧度，轻盈雅致；粉色系、香槟色、奶白色以及独特的灰蓝色等浅淡的主题色美丽细致，局部点睛的精致雕花，充满浓浓的女性特质。法国的田园风格充满淳朴和浓厚的气息，一些怀旧装饰物向人展示了居住者的怀旧情怀，家具一般比较纤巧，材料以樱桃木居多。

△ 很多法式风格家具在精美雕刻的基础上，加入了描金工艺

△ 法式风格空间除了墙面，还通常在家具、灯饰、装饰画等一些软装细节上点缀金色

法式风格设计类型

◎ 巴洛克风格

巴洛克风格力图通过色彩表现强烈感情、刻意强调精湛技巧的堆砌，追求空间感、豪华感。巴洛克风格色彩丰富而且强烈，喜欢运用对比色来实现特殊的视觉效果。最常用的色彩组合包括金色与亮蓝色、绿色和紫色、深红和白色等。巴洛克风格的家具强调力度、变化和动感，整体豪放、奢华。最大的特色是富有表现力的装饰细节相对集中，简化不必要的部分而强调整体结构。

巴洛克家具往往采用花样繁多的装饰，打破过于传统、严肃的空间氛围，如做大面积的雕刻或者是金箔贴面、描金涂漆处理，装饰细节通常覆盖整个家具，并在坐卧类家具上使用面料包覆，面料多以华丽的锦缎织成，以增加坐卧时的舒适感。

巴洛克风格窗帘的材质有很多选择，例如镶嵌金、银丝、水钻、珠光的华丽织锦、绣面、丝缎、薄纱、天然棉麻等，颜色和图案彩显华丽、尊贵，多选用金色或酒红色这两种沉稳的颜色，有时运用一些卡奇色、褐色等做搭配，再配上带有珠子的花边配搭以增强窗帘的华丽感。

法式风格对金色的应用由来已久。比如，在法式巴洛克风格中，除了各种手绘雕花的图案，还常常在雕花上加以描金，在家具的表面贴上金箔，在家具腿部描上金色细线，务求让整个空间金光闪耀、璀璨动人。

◎ 洛可可风格

洛可可风格是在巴洛克装饰艺术的基础上发展起来的，总体特征为纤弱娇媚、纷繁琐细、精致典雅，追求轻盈纤细的秀雅美，在结构部件上有意强调不对称形状，其工艺、造型和线条具有婉转、柔和的特点。此外，洛可可风格的色彩表现十分娇艳明快。

洛可可风格的床幔可以营造出一种宫廷般的华丽视觉感，最好选择有质感的织绒面料或者欧式提花面料。同样，为了营造古典浪漫的视觉感，这类风格的床幔的罩头上大都有流苏或者亚克力吊坠，又或者用金线滚边来做装饰。

典型的洛可可家居色彩主要有蓝色、黄绿色、粉红色、金色、米白色等。此外，粉色的背景墙面与金色的浮雕被广泛应用于洛可可风格空间中。

洛可可式家具带有女性的柔美，最明显的特点就是以芭蕾舞动作为原型的椅子腿，其具有十足的秀气和高雅感，注重体现曲线的特色。

◎ 法式新古典风格

法式新古典风格始于 18 世纪 50 年代，在传承古典风格的文化底蕴、历史美感及艺术气息的同时，将古典美注入简洁实用的现代设计中，使得家居空间更富灵性。在空间设计上，新古典风格注重线条的搭配以及线条之间的比例，令人强烈地感受到浑厚的文化底蕴，但摒弃了古典主义复杂的肌理和装饰。既有文化感又不失贵气，同时也打破了传统法式风格的厚重与沉闷。

法式新古典风格家居空间的色彩搭配常给人以雅致华丽的感觉，如亮丽温馨的象牙白，清新淡雅的浅蓝，稳重而不失奢华的暗红、古铜色等色彩彰显了新古典风格的华美风貌，营造了高贵典雅、时尚明媚的家居氛围。

无论家具还是配饰都以优雅、唯美的姿态出现，彰显高雅、贵族的气质，壁炉、水晶灯都是法式新古典风格的点睛之笔。有时还可以将欧式古典家具和中式古典家具摆放在一起，中西合璧，使东方的内敛与西方的浪漫互相融合。

法式新古典家具是在古典风范与现代精神结合的基础上，经过改良的一种线条简约的欧式家具。它有古典家具的曲线和曲面，又加入了现代家具的直线条，因此更加符合现代人的审美以及生活需要。

◎ 法式田园风格

法式田园风格诞生于法国南部小村庄，散发出质朴、优雅、古老和友善的气质。与处在法国南部的普罗旺斯地区农民相对悠闲而简单的生活方式密不可分，这种风格混合了法国庄园精致生活与法国乡村简朴生活的特点。法式田园风格的空间顶面通常自然裸露，平行的装饰木梁只是进行粗加工——擦深褐色清漆处理。墙面常用仿真墙绘，并且与家具以及布艺的色彩保持协调。地面最为常用的材料是无釉赤陶砖和实木地板。

法式田园风格布艺崇尚自然，把中式花瓶上的一些花鸟、蔓藤元素融入其中，以纤巧、细致、淳朴的曲线和不对称的装饰为特点，布艺上还常装饰甜美的小碎花图案。

法式田园风格家具比较纤巧，非常讲究曲线和弧度，极其注重脚部、纹饰等细节的精致设计。很多家具还采用了手绘装饰和洗白处理，尽量艺术感和怀旧情调。

石材壁炉最能够体现法式田园风格中乡村与自然的气质，特别是那种表面未经抛光处理的石材，并且带有磨损或者坑洞等痕迹。

法式风格 个软装设计要素

01

通常用组合型的金属烛台搭配花艺或其他摆件，并以精美的油画为背景，营造出高贵典雅的氛围。

02

墙面背景及家具的摆放呈轴线对称，突出尊贵典雅的气质。

03

喜欢用金色突显金碧辉煌的装饰效果，还常在雕花上加以描金，在家具的表面贴上金箔，在家具腿部描上金色细线。

04

瓷器在法式风格中起到画龙点睛的作用，使精致优雅的贵族气质油然而生。

05

注重细节处理，常运用法式廊柱、雕花与线条，表现出浪漫典雅的风格。

06

常常以低饱和度的淡色装点空间，优雅含蓄的淡蓝色、淡粉色、淡紫色与纤细柔美的家具造型相得益彰。

07

奢华与浪漫无处不在，布艺多选择丝绒、丝绸等面料，床品和窗帘的设计也偏好繁复和精致的装饰。

08

法式家具的线条一般采用带有一点弧度的流线型设计，如沙发的沙发脚、扶手处，桌子的桌腿，床的床头、床脚等边角处一般都会雕刻精致的花纹。

09

常用水晶灯、烛台灯、全铜灯等灯具，造型上要求精致纤巧、圆润流畅。

10

常悬挂古典气质的宫廷油画、人物肖像画、花卉与动物图案等，画框描金或者金属框加以精致繁复的雕刻。

法式风格软装单品解析

青花瓷艺术钟工艺品摆件
约 **2190** 元 / 个

复古树脂雕花镜子
约 **680** 元 / 面

青花鹦鹉单头烛台一对
约 **1688** 元 / 对

美式陶瓷台灯
约 **370** 元 / 盏

彩绘镏金床头柜
约 **1800** 元 / 个

复古竹节实木画框装饰画（40cmX80cm）
约 **350** 元 / 幅

美式艺术吊坠台灯
约 **660** 元 / 盏

牛骨相框（6寸）
约 **170** 元 / 个

粉色铆钉软包大床（180cmX200cm）
约 **5000** 元 / 张

提炼传统文化的中式风格

中式风格装饰特征

中式风格是指包含中国文化的室内装饰风格，由于中华民族的历史十分悠久，中式风格凝聚了中国 5000 多年的民族文化，是历代人民智慧和汗水的结晶。中式风格在明朝得到了很大的发展，到了清朝进入鼎盛时期，现今，主要保留了以下两种形式：一是中国哲学意味非常浓厚的明式风格，以气质和韵味取胜，整体色泽淡雅，室内造型比较简单，与空间的对比不太强烈；二是比较繁复的清式或颜色很艳的藏式，通过巧妙搭配空间色彩、光影和饰品获得最理想的空间装饰效果。

△ 经过重新演绎的中式元素与现代造型饰品同处一室

△ 回纹是中国传统文化中被称为富贵连连的一种几何纹样。由古代陶器和青铜器上的雷纹衍化而来

△ 中国红作为中国人的文化图腾和精神皈依，其渊源追溯到古代对日神虔诚的膜拜

发展到现在，新中式风格不仅摈弃了传统中式风格中诸多不实用的装饰设计，而且满足了现代人的使用需求，符合其审美习惯。新中式风格可以说是传统文化的全新回归，利用新材料、新形式将古典美学以现代手法进行了全新的诠释，使家居空间呈现出令人痴迷的风雅意境。

新中式空间装饰多采用简洁、硬朗的直线条。例如，直线条的家具局部点缀富有传统意蕴的装饰，如铜片、柳钉、木雕饰片等。材料上不仅使用木材、石材、丝纱织物，还会选择玻璃、金属、墙纸等工业化材料。这不仅反映出现代人追求简单生活的居住要求，更迎合了中式家居追求内敛、质朴的本质。新中式风格在软装设计上，常以留白的东方美学观念控制节奏，突显出中式家居的新风范。比如墙壁上的字画、空间中的工艺品摆件等数量虽少，但营造出无穷的意境。

此外，新中式风格还会在一些细节上勾勒出儒家或禅宗的意境，完美地将中国人内在的宗教情结展露于家居装饰之中。

△ 方与圆是中式传统文化中两个相对应的具有深刻哲理内涵的意象

△ 将白墙黑瓦的江南建筑以墙面装饰背景的形式进行表达

△ 秉承中式传统文化的对称陈设

中式风格设计类型

◎ 典雅端庄的中式风格

更多借鉴清代风格的大气稳重，在此基础上运用创新和简化的手法进行设计，规避繁杂元素的同时减少传统中式风格中的厚重感，保留端庄沉稳的东方韵味。在继承与发扬传统中式美学的基础上，以现代人的审美眼光来打造富有传统韵味的事物，让现代家居呈现简单、舒适、大气、高雅的一面。这不仅是古典情怀的自然流露，同时也展现了现代人对高品质生活方式的向往。

在色彩搭配上，采用如红色、紫色、蓝色、绿色以及黄色等传统中式风格常用的色彩，而且色彩都比较饱和与厚重。

木作和家具一般以褐色或者黑色等深色居多，给人以大气中正的感觉，造型较为简洁，在减少传统中式家具厚重感的同时，也保留了端庄沉稳的气韵。

◎ 精致奢华的中式风格

精致奢华的新中式风格于传统中透露出现代气息，在保留传统中式风格含蓄秀美的设计精髓之外，还呈现出精致、简约、轻奢的空间特点，时尚中又糅合了古典风韵，让空间迸发出更多联想。整体空间的设计大胆而新颖，同时也更加契合现代人的时尚审美需求。在设计时，可以在空间中融入时下流行的现代元素，形成传统与时尚融合的反差式美感，并展示出强烈的个性。

龙纹在传统文化中寓意尊贵，应用在精致奢华的中式风格中的动物纹样与传统动物纹样大体一致，但在线条上会做一定的简化处理，纹样的色彩以淡雅为主调。

精致奢华的中式风格适合搭配一些具有轻奢气质的色彩。比如，选用金属色搭配玫红色、粉红色、电光蓝色、紫色等较富视觉冲击力的色彩进行搭配和设计。

在材质运用上，虽仍以质朴无华的实木为主，但也大胆采用金属、皮质、大理石等现代材质进行混搭，在统一格调之余，又赋予新中式风格更加奢华的魅力。

◎ 古朴禅意的中式风格

古朴禅意的新中式风格崇尚"少即是多"的空间哲学,追求至简至净的意境表达,常运用留白手法。比如,可以放置一张造型简约的茶桌,一扇高古拙朴的绢丝屏风,让其在新中式风格的空间中创设出饱含诗意以及闲情逸致的生活情境。人与物、人与景之间,便有一种无画处皆成妙境的空间韵致,将"自在修禅"的意境诠释而出,表现了淡然悠远的生活品位。传达出"一实一虚一万物,一空一白一天地"的禅意美学。

一张茶案、一片翠竹与青烟袅袅的香炉,这些中式元素被巧妙地运用,无形中构造出一个禅意十足的空间,这些设计语言简单而适用,平凡而不俗,将传统文化氛围表露无遗。

在装饰材料的搭配上,可选择原木、竹子、藤、棉麻、石板以及细石等自然材质。这样不仅能与禅宗淳朴的气息形成完美呼应,也给居住者以贴近自然之感。

禅意空间中一般呈现自然材质本身的颜色,如原木的木色、山石水泥的青色,还有绿植的绿色以及大面积留白。

◎ 朴实文艺的中式风格

通常不会使用造价过高的材质和工艺，是很受时下年轻人喜欢的一种设计风格。装饰时在保留传统中式家具制式的基础上，叠加时尚的颜色和花纹，或者加以做旧处理，彰显个性的同时，又保留了传统中式的韵味。朴实文艺的新中式风格也可以和很多同样具有简单年轻气质的风格混搭在一起，比如北欧风格、日式风格、地中海风格等。

在视觉上不会出现大面积饱和鲜艳的色彩，以素雅清新的颜色为主，比如湖蓝、靛蓝等带有乡土气息或者民族气息的颜色，与粗糙的木质家具混搭，使得整个空间看起来更加清爽、通透。

以水泥墙为主基调，突出简洁而纯粹的现代语言，再以原木色木作为辅基调，配以做旧的深色中式老家具形成对比，在诠释中式古朴风格的同时，更具有轻松舒适的现代气息。

朴实文艺的新中式氛围，除了颜色上的素简，更重要的是配合天然材料的应用。原木材质以及做旧的木质家具等，都是营造这种氛围的首选搭档。

中式风格 ⑩ 个软装设计要素

01

中式风格的墙面常选择大面积留白，是中式美学精神的体现，透露出中式设计的淡雅与自信。

02

中式传统题材的装饰画是空间中很好的装饰品，比如山水画、花鸟画等，新中式风格运用时对其加以简化变异。

03

新中式风格不再局限于传统的中式家具格局的对称，而是在局部空间布局上，以对称的手法营造出中式家居沉稳大方、端正稳健的特点。

04

木格栅被大量地运用在中式空间中，相较于传统的隔断更具通透效果，在光与影的变幻交错间，中式禅意缓缓流露。

05

鼓凳是中式风格的经典元素，传统中式或新中式空间用鼓凳作为点缀，都能起到画龙点睛的作用。

06

根雕落地摆件、根雕茶台、天然实木风化枯木根雕摆件等无论放在入口玄关还是桌面上，都是一种风景。

07

传统中式风格的地毯常以具体的吉祥图案为主，新中式风格的地毯图案以抽象的山水、泼墨等题材为主。

08

荷叶、金鱼、牡丹等具有吉祥寓意的工艺品经常作为新中式空间的墙面装饰。

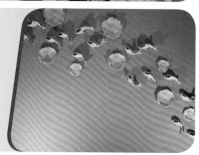

09

青花瓷、粉彩等传统造型瓷器、陶器摆件在中式风格中必不可少，中式风格陶瓷灯的灯座上往往带有手绘的花鸟图案，装饰性强并且寓意吉祥。

10

文房四宝是独具中式特色的文书工具，除笔、墨、纸、砚外，还有镇纸、笔洗等。茶文化摆件也是中式风格必不可少的装饰品，为空间增添了雅致的文人气息。

中式风格软装单品解析

极简无框挂画（50cmX50cm）
约**200**元／幅

仿真蜡梅花枝
约**23**元／支

黑色陶瓷禅意小口花插
约**200**元／个

黑色实木圆框新中式中国风立体山水挂画（直径80cm）
约**730**元／幅

石英石黑葡萄串摆件（大号）
约**830**元／串

新中式创意铜树枝陶瓷小鸟摆件（大号）
约**360**元／个

紫铜浮雕立体铜板画
约**2500**元／幅

仿古芙蓉寿山石玉玺大摆件
约**170**元／个

纯铜龙凤唐马摆件
约**230**元／个

第二章

家居空间的软装配色重点

色彩的合理搭配，能够营造出富有意境和个性化的环境，能够带给人视觉上的享受，使人保持愉快的心情。各种色彩在空间中起到各自应有的作用，在搭配时，只有遵循一定的配色规律，才能营造出理想的空间氛围。由于不同的色彩搭配会带给人完全不同的家居体验，所以不同的室内装饰风格有自己的空间配色原则。

空间配色的基础知识

 ## 色相的概念

色彩按字面含义上理解可分为色和彩，所谓色指人对进入眼睛的光传至大脑时所产生的感觉，彩则指多色的意思，是人对光变化的理解。不同的光由于波长不同，产生了红、橙、黄、绿、青、紫等颜色，称为色相。色相是色彩最基本的特征，能够比较确切地表示某种颜色的名称。如紫色、绿色、黄色等都代表了不同的色相。任何黑、白、灰以外的色彩都有色相的属性。

可见光因波长不同，给眼睛的色彩感觉也不同。即便同一类色彩，也能分为几种色相，如灰色可以分为红灰、蓝灰、紫灰等。色相的心理反应特征是暖色和冷色，色相之间的关系可以用色相环表示。

不同色相给人带来不同的印象。例如，白色让人联想到干净整洁，红色代表热情，粉色代表浪漫，紫色代表神秘，绿色代表自然。根据各个房间的功能不同，设置不同的颜色，能够营造出舒适的居住环境。

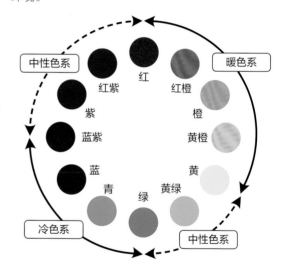

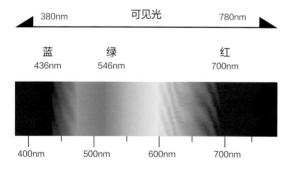

色相差别是由光波波长的长短决定的，是太阳光被分光之后，表现出人眼可以辨别出的"可见光"范围的光谱

△ 不同色相的椅子给人不一样的视觉感受

色相名称	色彩印象	应用要点
灰色	无固有的感情色彩。无论哪个色相，纯度最低时都为灰色，因为它可以与所有的色彩调和	灰色分冰冷的冷灰色系和带米色的暖灰色系，家居空间中宜使用暖灰色系
白色	无论与何种颜色组合都有凸显对方的功效。把白色作为背景，家具和摆件看上去会更生动、鲜明	冷白色、有光泽的白不适合面积大的房间。与冷蓝色、深蓝色的窗帘搭配可让白色墙面显得更白，但容易给人冰冷的感觉
米色	能够与任何色调搭配，常被大面积使用于地面、墙面或顶面	与其他明度不同的无彩色组合使用效果很好
棕色	秋天的颜色，稳重、文静，与米色、亮灰组合，可以形成稳重成熟的设计风格	不适合与冷色搭配，可与亮色组合，与暗色、浓色组合，要注意色调和纯度的对比
粉色	粉色给人以可爱、浪漫、温馨、娇嫩的联想，而且通常也是浪漫主义和女性气质的代名词	避免大面积使用，明度对比强的颜色会显得没有品位，应尽量避免使用，可以用粉彩色来调和

色相名称	色彩印象	应用要点
红色	红色的性格强烈、外露，饱含着一种力量和冲动，其内涵是积极、前进向上的，为活泼好动的人所喜爱	注意使用的量，大面积使用时，需降低纯度，不宜使用生动、强烈的红色
黄色	黄色给人轻快、充满希望和活力的感觉，中国人对黄色特别偏爱，这是因为黄色与黄金同色，被视为丰收、高贵的象征	在家居设计中，一般不将纯度很高的黄色作为主色调，因为它太过明亮，容易刺激眼睛，使用时应降低纯度
橙色	橙色象征活力、精神饱满和交谊性，是所有颜色中最为明亮和鲜亮的，给人以年轻活泼和健康的感觉，是一种极佳的点缀色	把橙色用在卧室使人难以安静下来，不利于睡眠，但将橙色用在客厅会营造出喜庆的气氛，同时橙色也是装点餐厅的理想色彩
绿色	绿色被认为是大自然的色彩，象征着生机盎然、清新宁静，因为它给人的感觉偏冷，一般在家居中会搭配使用	与粉色、红色、蓝色进行搭配比较好，需要注意的是在厨房中大量使用会影响到饰品的颜色
蓝色	蓝色使人自然地联想到宽广、清澄的天空和透明深沉的海洋，也会使人产生一种开阔、清凉的感觉	宁静的蓝色调能使烦躁的心情平静下来。在厨房、书房或卧室中都非常适合使用蓝色，不过需要加点与之对比的暖色进行点缀
紫色	与蓝色具有相同的搭配效果，是成熟的颜色，给人高贵神秘且略带忧郁的感觉。在西方，紫色是贵族经常选用的颜色	大面积的紫色会使空间整体色调变深，产生压抑感，可以将其装饰在居室的局部作为亮点

明度和纯度的概念

明度是指色彩的明亮程度，例如深黄、中黄、淡黄、柠檬黄等黄颜色在明度上不同。在所有的颜色中，白色明度最高，黑色明度最低。任何一种色相中加入白色，都会提高明度，即白色成分越多，明度也就越高；任何一种色相中加入黑色，明度就会降低，即黑色越多，明度越低。不过相同的颜色，因光线照射的强弱不同也会产生不同的明暗变化。

软装色彩从明度上来说分为高明度色彩、中明度色彩和低明度色彩。高明度色彩给人的感觉是明亮、轻快、活泼；中明度色彩的明度差小，给人以朴素、庄重、安静的感觉；低明度色彩给人深沉、厚重、神秘的感觉。

△ 低明度色彩的空间给人一种稳定感

△ 中明度的色彩搭配明度差小，给人安静舒适的感觉

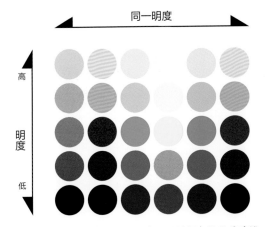

明度越高的颜色越鲜艳，明度越低的颜色就越显暗淡

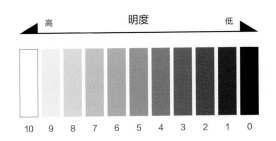

△ 高明度的色彩搭配给人轻快活泼的感觉

纯度指一种色彩的鲜艳程度。纯度是深色、浅色等色彩鲜艳度的判断标准。通常纯度越高，色彩越鲜艳。随着纯度的降低，色彩也会变暗。

在软装色彩中，接近纯色的叫高纯度色，接近灰色的叫低纯度色，处于两者之间的叫中纯度色。从视觉效果上来说，纯度高的色彩由于明亮、艳丽，因而容易引起视觉的兴奋和吸引人的注意力；纯度低的色彩比较单调、耐看，更容易使人产生联想；纯度中等的色彩较为丰富、优美。

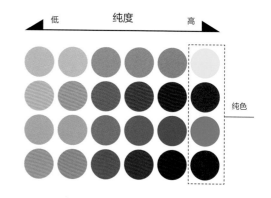

△ 纯度越高的颜色越鲜艳，纯度越低的颜色就越显暗淡

△ 白色让人感觉最轻，黑色让人感觉最重，明度越高，色彩感觉越轻

△ 利用软装元素之间色彩纯度的差异制造家居空间中的视觉焦点

1 低纯度色　　　**2** 中纯度色　　　**3** 高纯度色

色调的概念

色调指各物体之间所形成的整体色彩倾向。例如一幅绘画作品虽然用了多种颜色，但总体有一种倾向，偏蓝或偏红、偏暖或偏冷等，这种颜色上的倾向就是一幅绘画的色调。不同色调表达的意境不同，给人的视觉感受和产生的情感色彩也不同。

色调的类别很多，根据色相，分为红色调、黄色调、绿色调、紫色调等；根据色彩明度，分为明色调、暗色调、中间色调；根据色彩的纯度，分为鲜艳的强色调和含灰的弱色调等。以上各种色调又有温和和对比强烈的区分，例如鲜艳的纯色调、接近白色的淡色调、接近黑色的暗色调等。

红色火热，蓝色冰冷，不同色相都有自己独特的性格，不同的色调也会给人不同的印象。即使基础的色相相同，在不同的色调变换过程中，也会产生不同的印象。

△ 鲜艳的纯色调

△ 接近白色的淡色调

△ 接近黑色的暗色调

色温的概念

色温是指色彩温度，基本分成暖色与冷色两种。色彩本身无所谓冷暖，不同的色彩作用于人的感官，在每个人的心理上引起冷一些或暖一些的感觉和反应。色彩的冷暖感主要是色彩对视觉产生作用而使人体产生一种主观感受。

红色、黄色、橙色以及倾向于这些颜色的色彩能够给人温暖的感觉，通常看到暖色就会联想到灯光、太阳光、荧光等，所以称这类颜色为暖色；蓝色、蓝绿色、蓝紫色会让人联想到天空、海洋、冰雪、月光等，使人感觉冰凉，因此称这类颜色为冷色。

色彩的冷暖是相对的，比如绿色和黄绿色都属于冷色，但黄绿比绿要暖一些；蓝色和蓝紫色也属于冷色，但蓝紫要比蓝暖一些。如果想把冷色变暖可加红，想把暖色变得更暖可加黄；如果想把暖色变冷可加白或蓝，想把冷色变得更冷可加白。

暖色的主要特征是视觉向前、空间变小、温暖舒适。

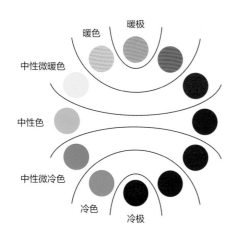

冷色的主要特征是视觉后退、空间变大、宁静放松。

影响家居配色的因素

不同功能空间的配色

　　室内空间的使用功能在一定程度上会影响到色彩的运用，不同功能空间往往有不同的色彩氛围需求，这一点是设计室内环境色彩时首先要考虑的。

　　一般来说，客厅宜选用明快活泼的色彩，以彰显明亮、放松或温暖、舒适；卧室的风格则可以由个人的喜好而定，一般卧室的色彩最好偏暖，显得柔和一些；书房的色彩宜雅致、庄重、和谐；餐厅宜以暖色为主色调，以增加食欲；厨房适合采用浅亮的颜色，但慎用暖色；过道和玄关只起通道的作用，因此可大胆用色。

△ 中性色的卧室给人优雅高级的感觉，有助于营造温馨的氛围

△ 客厅色彩的选择范围较广，但在配色时应注意墙面、家具、布艺以及小饰品之间的呼应关系

以蓝色为主的书房空间具有让人迅速冷静的作用

△ 餐厅中适当运用黄色、橙色等暖色调可起到刺激食欲的效果

不同居住人群的配色

◎ 儿童房

儿童房的色彩应确定一个主调，这样可以降低色彩对视觉的压力。墙面的颜色最好不要超过两种。儿童房的居室氛围，需要通过强对比的色彩组合来营造，因此，不论墙面、地面，还是床品、灯饰等，颜色的纯度和明度都应较高。如果是女孩房，硬装部分可以选择简单的白墙，而软装可以选用黄色、蓝色、粉色等颜色作为空间的主要色彩框架。最好选用鲜艳的互补色，比如黄色与蓝色。

△ 儿童房的顶面刷成蓝色，搭配白色墙面，让整个空间充满清新感

运用对比色营造欢乐童趣的气氛

◎ 老人房

老人居住的空间可使用一些给人舒适感的配色。例如，使用色调不太暗沉的中性色，给人亲近、祥和的感觉。红色、橙色等高纯度且易使人兴奋的色彩应避免使用。在保证柔和的前提下，也可使用一些对比色来增强层次感和活跃度。

△ 中性色的配色方案可给老人房带来一种放松感

◎ 女性空间

　　女性居住的空间应展现出女性特有的温柔和优雅气质，以红色、粉色等暖色系为主，色调反差小，过渡平稳。此外，紫色具有特别的效果，即使是纯度不同的紫色，也能创造出具有女性特点的氛围。

△ 以粉色为主的高明度配色可以展现出女性追求的甜美感

△ 紫色是具有浪漫特征的颜色，最适合创造具有女性特点的氛围

◎ 男性空间

男性居住的空间应表现出厚重感或冷峻的形象，大多以冷色系或黑、灰等无彩色为主，明度、纯度均较低。蓝色和灰色可以展现出理性的男性气质；深暗色调的暖色，例如深茶色与深咖色，会传达出力量感和厚重感；藏青与灰色的搭配则营造出商务人士的工作氛围。此外，通过冷暖色强烈的对比来表现富有力度的阳刚之气，是体现男性形象的要点之一。

△ 灰色和蓝色是展现理性男性气质不可或缺的色彩

△ 深暗色调的暖色，同样可以传达出力量感和厚重感

空间光线对配色的影响

相同的色调在不同光线下会显示出不同色彩，因此必须考虑光线的作用。一般来讲，明亮、自然的日光下，呈现的色彩最真实。

首先要观察房间里有几扇窗，采光的质量和数量如何。人造光会影响人们对颜色的判断，尤其是没有自然光的浴室空间，所以在选择颜色时，一定要考虑在什么颜色的灯光下使用。白炽灯会使大多数色彩显得更暖、更黄，但会使蓝色发灰。荧光灯会使色彩显得更冷，而卤素灯最接近自然光。可以把要选的颜色放到暖色的白炽灯下，或冷色的荧光灯下，看哪种呈现出来的效果最想要。

△ 不同颜色的灯光对柜子所呈现色彩的影响

自然光下呈现的色彩最为真实，这是设计配色方案前必须考虑的问题。

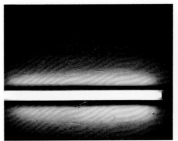

荧光灯会使色彩显得更冷，具有清新爽快的感觉；白炽灯会使色彩显得更暖、更黄，具有稳重温暖的感觉。

△ 荧光灯　　　　　　　　　　△ 白炽灯

家居软装配色的重点

 空间色彩的比例分配

　　想做好家居色彩的搭配，不光要了解哪些颜色适合搭配在一起，还要知道哪个颜色该占多大面积，也就是色彩的比例分配。以黑白两色的时尚搭配为例，在白色的衣服上搭配黑色的小元素，和在黑色衣服上搭配白色的小元素，呈现给人的感觉是完全不同的。在家居空间中，色彩占比不同，也使这个房间最终给人不同的感觉。

　　配色在室内装饰中应把握三方面的要素：首先是基础色，主要是家居空间的几大界面——墙面、顶面、地面与门窗等大面积的色彩；其次是主体色，指那些可移动的家具和陈设等中等面积的色彩组成部分，这些是真正表现主要色彩效果的部分，对整个家居空间的色彩起到非常重要的作用；最后是强调色，指空间中最醒目，最易于变化的小面积色彩，如壁饰、摆件、抱枕、花艺、灯具等小物件的色彩。

基础色	主体色	强调色
顶面、墙面、地面等大面积使用的颜色，为整个房间的氛围营造打基础。	沙发、边几、窗帘等使用的颜色，决定了整个房间的主要配色。	插花、抱枕等小物件的颜色，面积虽小却引人注目。

很多给自己家里搭配软装的业主没有专业的色彩基础，可遵循以下原则：首先要将想使用的颜色划分为基础色、主体色与强调色三个部分，然后其配比设定为70%、25%与5%。由所选取颜色的比例，就能够了解想要在房间里营造出怎样的氛围。按比例搭配，还能将浓重的颜色自然地与其他颜色协调，使装修效果更稳定、有张有弛，最终打造出色彩平衡的房间。

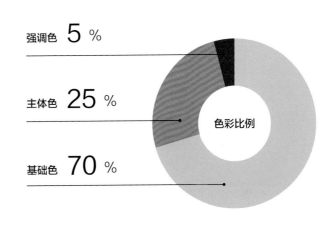

强调色 **5** %

主体色 **25** %

基础色 **70** %

色彩比例

◎ **基础色**
打造室内氛围基调

基础色一般在地面、墙面、吊顶等面积大的地方使用。占据整体配色的70%。决定了房间风格是明亮还是深沉。

◎ **主体色**
决定房间风格

主体色是房间配色的主角，占整体配色的25%，用于窗帘与沙发等处，对房间的风格起决定性作用，务必与基础色搭配协调。

◎ **强调色**
起到点缀作用

强调色占整体配色的5%，可以在抱枕、插花与灯罩等处使用。为了起到点缀空间的作用，推荐使用鲜亮、能吸引人眼球的颜色。

确定空间的色彩印象

通常，当提问一个人最喜欢什么颜色的时候，大多数人都能回答出来。虽然这并不意味着一定要将这种颜色大面积地运用到家居空间中，但在了解了居住者的喜爱或避讳后，就更能选择出符合需求的配色方案。

对一个房间进行配色，通常以一个色彩印象为主导，空间中的大面积色彩就从这个色彩印象中提取，但并不意味着房间内的所有颜色都要完全照此来分配，比如，采用自然气息的色彩印象，会有较大面积的米色、驼色、茶灰色等，在这个基础上，可以根据个人喜好将另外的色彩印象组合进来，但要以较小的面积体现，比如抱枕、小件家具或饰品等。

这样会在一种明确的色彩氛围中，融入其他色彩感受，形成丰富而生动的色彩组合。这样的组合，比单一印象更加丰富，更具个性魅力。

△ 以蒂芙尼色系为主题的家居空间整体配色方案

△ 在确定以一个色彩印象为主导的前提下，可以将个人喜好的色彩以较小面积的形式加以体现

突出空间的视觉中心

在家居空间的软装设计中，视觉中心是极其重要的，人的注意范围一定要有一个中心点，这样才能形成主次分明的层次美感，这个视觉中心就是布置上的重点。对某一部分的强调，可打破全局的单调感，使整个居室变得有朝气。

比如，一个空间中的主体家具往往需要被恰当地突显，在视觉上才能形成焦点。如果主体色家具的存在感很弱，整体就会缺乏稳定感。首先可以考虑运用高纯度色彩的主体家具，因为鲜艳的主体家具可以让整体更加安定。其次可用增加主体家具与周围环境色彩明度差的办法，因为通常明度差越小，

将高纯度色彩的家具作为空间的视觉中心。

主体家具存在感越弱；如果明度差增大，主题家具就会被突显。还有一种方法是，当主体家具的色彩比较淡雅时，可通过点缀色给主体家具增添光彩。

△ 在黑色餐桌上增加橙色花瓶的点缀，可达到让主体色家具吸引眼球的目的

△ 增大沙发与周边环境色彩的明度差，使其主体地位凸显，视觉上更有层次感

利用配色调整空间缺陷

调整空间的视觉层高

明度高的色彩如黄色、淡蓝色等给人以轻快的感觉，黑色、深蓝色等明度低的色彩使人感到沉重。很多公寓房的面积不大，空间高度也不足，容易给人带来压抑感。如果想在视觉上提升空间高度，顶面最好采用白色，或比墙面淡的色彩，地面采用重色。这样让整个空间自上而下形成明显的层次感，从而达到延伸视觉、减少压抑感的效果。墙面与顶面的颜色相同也能够达到这种效果。还有一种方案是将墙面使用竖向条状图案，上竖下横或多条纹形式，搭配白色、米色等浅色，能有效地增加视觉高度和减少压抑感，使小房间显得更高。

反之，顶面选用深色的话，房间就会显得比实际更矮。在一些层高过高的空间中，不妨采用这种配色方法。

空间过高时，可用比墙面浓重的色彩来装饰顶面，重心整体在上方，层高在视觉上有一种被压缩的感觉。

△ 在墙面使用竖向条状图案提升空间的视觉高度

△ 顶面、墙面、地面的色彩依次由浅到深，让整个空间自上而下形成明显的层次感，从而达到延伸视觉高度的效果

调整空间的进深

同一背景、面积相同的物体，由于其色彩的不同，有的给人突出向前的感觉，有的则给人后退深远的感觉。通常暖色系色彩和高明度色彩有前进感，冷色系、低明度色彩有后退感。

在室内装饰中，利用色彩的进退感可以从视觉上改善房间户型缺陷。如果空间空旷，可采用有前进感的色彩处理墙面；如果空间狭窄，可采用有后退感的色彩处理墙面。例如，把过道尽头的墙面刷成红色或黄色，墙面就会有前进的效果，使过道看起来不那么狭长。

△ 狭窄的过道墙面运用冷色会显得更加开阔

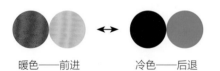

暖色——前进 ↔ 冷色——后退

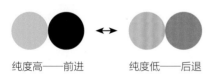

纯度高——前进 ↔ 纯度低——后退

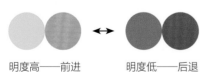

明度高——前进 ↔ 明度低——后退

△ 过道端景墙刷成黄色，在视觉上会有前进的效果

营造空间的宽敞感

不同色彩产生不同的体积感，如黄色感觉大一些，有膨胀性，属于膨胀色；而同样面积的蓝色、绿色感觉小一些，有收缩性，属于收缩色。一般来说，暖色比冷色显得大，明亮的颜色比深暗的显得大，周围明亮时，中间的颜色就显得小。

利用色彩来放大空间，是家居装饰中经常用的手法，小空间可以选择白色、浅蓝色、浅灰色等具有后退和收缩属性的冷色系搭配，这些色彩可以使小户型的空间显得更加宽敞明亮，而且运用浅色系色彩有助于改善室内光线。例如，白色的墙面可让人忽视空间存在的不规则感，在自然光的照射下，折射出的光线更显柔和，明亮但不刺眼。

△ 大面积白色让小空间显得更加宽敞明亮，在小户型设计中经常采用这种手法

△ 明度较高的冷色系具有扩散性和后退性，并且带给人一种清新明亮的感觉

将明度较高的冷色系色彩作为小空间墙面的主色，可以延伸空间水平方向的视觉，为小空间环境营造出宽敞大气的家居氛围。冷色系色彩具有扩散性和后退性，能让小户型呈现出一种清新、明亮的感觉。

在软装上，粉红色等暖色的沙发看起来很占空间，使房间显得狭窄、有压迫感。而黑色的沙发看上去要小一些，让人感觉剩余的空间较大。

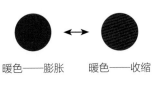

暖色——膨胀　　暖色——收缩

纯度高——膨胀　　纯度低——收缩

明度高——膨胀　　明度低——收缩

△ 黑色的沙发看上去要小一些，让人感觉剩余的空间较大

△ 粉红色的沙发看起来很占空间，使房间显得狭窄、有压迫感

增加采光不足的空间亮度

浅色在光线不足的状态下通常会缺乏立体感，而较暖灰色系，可能造成浑浊闷乱的反效果。浅灰色、米色这种中性色彩，可以让空间感觉上放大。像深灰、浓艳亮色系这些色彩，容易凸显墙面的位置，不适合用在小房间里。

有些室内光线比较昏暗的空间，应以明亮色系为主，例如白色、米色、淡黄色、浅蓝色等。饱和色调如深咖啡色或紫红色，适用于夜晚才使用的空间。

△ 采光较暗的客厅整体布置应以柔和明亮的浅色系为主

厨房采光不理想，除了用玻璃隔断借光之外，操作台上方使用黄色烤漆玻璃，可起到提亮的作用。

阁楼面积大但是窗户小，为了提升整体的亮度，除了用高明度的色彩，再利用正对窗户的镜面从室外引光。

家居空间四种基本配色方案

同系色

——同一色相中的不同颜色组合，搭配出优美的层次感

同系色搭配法是指将属于同一色相的不同明度、饱和度的颜色组合到一起的一种方法。例如，将鲜艳的红色与暗红色相组合，不掺杂其他颜色，因而具有协调统一感。在家居空间的软装设计中，运用同系色做搭配是较为常见、最为简便且易于掌握的配色方法。

如果居住者喜欢充满蓝色的房间，但全部用同一种蓝色太单调，给人以平面的印象。同系色搭配法则是将同一种色相的不同颜色进行组合，在色彩布局上更有深度，更能明确房间的印象色，在空间上形成优美的层次感。

在同系色搭配中，各年龄段都喜爱的搭配是茶色系组合，这种搭配没有过多的主张，是带有中立特性的基础组合。将各种素材组合在一起，使浓淡颜色之间形成对比。

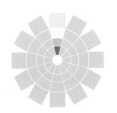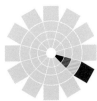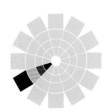

简单且易掌握的技巧

01 在同系色组合中可以加入少量其他颜色的点缀

02 色彩之间的明度差异要适当

03 搭配时最好呈现深、中、浅三个层次变化

同系色搭配时，色彩之间的明度差异要适当，差异太小、太接近的色调容易相互混淆，缺乏层次感；差异太大，对比太强烈的色调会造成整体的不协调。

相似色

——相似的颜色协调性更高，色彩搭配更令人安心

相似色搭配法，即将色相环中相邻的几种颜色组合搭配的方法。利用色彩间差异小的特点，实现色彩搭配的协调。如黄色、黄绿色和绿色，虽然在色相上有很大差别，但在视觉上却比较接近。

一般，相似色就是指两个颜色之间有着共同的颜色基因，如果想要实现色彩丰富且具有整体感配色效果，相似色是一个好选择。例如夕阳的颜色、逐渐深沉的海洋颜色、斑驳阳光下树叶的颜色，这些都是自然界中司空见惯的颜色。这些颜色能使人感到亲切与舒适，是令人放松的色彩搭配。

相似色在色相上有很大差别，但在视觉上却比较接近，搭配时通常以一种颜色为主，另一种颜色为辅。

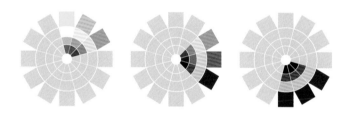

相似色搭配时，一方面要把握好两种色彩的和谐，另一方面又要使两种颜色在纯度和明度上有所区别，使之互相融合。

简单且易掌握的技巧

01 轻松实现色彩丰富且具有整体感的配色效果

02 搭配时通常以一种颜色为主，其他颜色为辅

03 色彩之间在纯度和明度上要有区别

相反色

——个性不同的两种颜色互相衬托，塑造鲜明的配色

相反色搭配法，即将色相环上相对的颜色组合的配色方法。两种互为相反色的颜色特性互补，反差较大，容易给人留下鲜明的印象，能够相互衬托。

相反色又可分为对比色和互补色两种类型。对比色是指在 24 色相环上相距 120°～180°之间的两种颜色，如紫色与橙色、橙色与绿色、绿色与紫色等。在同一空间中，对比色能实现富有视觉冲击力的效果，让房间个性更明朗，但不宜大面积同时使用。互补色是指处于色相环直径两端的一组颜色，例如红和绿、蓝和橙、黄和紫等。互补色配色很容易达到冷暖平衡，因为每组都由一个冷色和一个暖色组成，所以容易形成色彩张力，激发人的好奇心，吸引人的注意力。

运用鲜艳的相反色，会产生强烈的冲击感。将无彩色与无性格色作为背景或穿插其中，能够缓和过强的对比度，使得搭配更加协调。

△ 紫色和绿色的对比色组合中，加入金色的调和，色彩表现纯正而醒目，表现出轻奢格调的同时又具有女性的柔美气质

△ 红与绿的互补色组合，降低了绿色的纯度和明度，避免造成彼此相等从而相争的现象

简单且易掌握的技巧

01 避免两种色彩使用相同的比例

02 确定主色和辅色

03 色彩之间在纯度和明度上要有区别

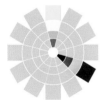
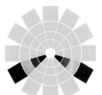

△ 对比色

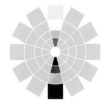
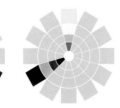

△ 互补色

中性色

——介于冷色与暖色之间，具有包容和轻松的特点

中性色是介于三大色——红、黄、蓝——之间的颜色，不属于冷色调，也不属于暖色调，主要用于调和色彩搭配，突出其他颜色。中性色搭配融合了众多色彩，从乳白色和白色这种中性色，到巧克力色和炭色等深色色调。其中黑、白、灰是常用的三大中性色，能对任何色彩起谐和、缓解作用。

中性色搭配是应用非常广泛的一种软装设计配色方案，但是使用不当也会让人觉得乏味，想要让中性色搭配体现出趣味性，需要做到以下几点：首先明确中性色是多种色彩的组合而非使用一种中性色，并且需要通过深浅色的对比营造出空间的层次感；其次在中性色空间的软装搭配中，应巧妙利用布艺织物的纹理与图案体现设计的丰富性；最后是把握好色彩的比例，使用过多的黑、白色容易使空间显得压抑，在以中性色为主色的基础上，增添一些带彩色的中性色可以让整个配色方案更出彩。

△ 中性色配色方案中，需要增加色彩之间的深浅变化以打破整体的乏味感

△ 中性色的空间中，经常通过多种材质的丰富运用，利用强烈的肌理与纯粹的色彩搭配，去实现空间的质感与趣味性

简单且易掌握的技巧

01 通过深浅色的对比营造空间的层次感

02 可加入一些带彩色的中性色

03 利用布艺织物的纹理与图案打破单调感

家居空间色彩搭配技法

重复分布颜色的方法

　　在设计室内配色时，如果只将浓重的颜色集中使用在某一处，就会显得突兀，与周围的配色无法协调。要想避免这种情况，就要重复将浓重的颜色分散于房间各处。通过重复使用醒目的颜色，使其与房间的整体配色达到协调统一。

　　例如，如果要在房间里放一个红色的沙发，那么最好再加入一些其他红色的元素，比如红色花纹的窗帘或靠垫、挂画、灯具、小物品与书等。重复使用红色，就能使沙发逐渐融入房间整体，产生协调统一的美感。

　　只要确定了自己要使用的重复颜色，就无须在购买物品上过多犹豫，即使一步一步、慢慢对房间进行改造，也不会将房间内的色彩搭配搞得零零散散。这种技巧有助于避免购买与房间不搭调的物件。

△ 中式空间中的一抹中国红在不同位置上重复出现，发挥了一种调和的作用

△ 在色彩特征为女性的空间中，粉色出现在床、装饰画、单椅以及地毯上，呈现出很强的整体感

△ 表现轻奢气质的空间中，离不开金色的点缀，在小件的软装元素上重复使用，可产生协调统一的美感

木质家具与地板的颜色搭配

木质家具与地板搭配的效果不同，可以为
房间与家具本身营造出不同的效果。

家具比地板的颜色浅，则显得重量偏轻。
这时可以选择高级木材制作的家具，或遮盖
了木材纹理的家具。

木质家具比地板颜色深，会凸显家具，
在空间上形成紧凑感。深色的家具让人感觉
更加高贵。

木地板与木质家具的颜色一致，可以营
造出协调感。运用浅色调，还能够使室内空
间显得更加宽敞。

家具与背景墙的颜色搭配

　　靠墙放置的家具，如果与背景墙的颜色太过接近，就会让人觉得色彩过于单调，产生家具与墙体融为一体的感觉。如果家里的墙面是木质的，就需要特别注意不要与家具的颜色、材质太过相像。搭配时，应使室内装饰物与家具散发自己独有的魅力，与墙体区别开来。

△ 靠墙放置的家具，应与墙面的颜色形成明度上的差异，拉开层次

统一木制品与金属元素的颜色

　　木制品与金属制品的配色是为房间配色打基础的重要部分。比如，在木制品上选用了浅茶色与深茶色，那么接下来的配色就依照这两种颜色去选择。在选购木质家具的时候，尽量选用一些能与家具的材料、质感相匹配的单品。金属桌脚、灯具等金属制品也要尽量统一色调与样式。

△ 木质墙面与木质家具的颜色不能过于接近，而且应选择不同的材质

△ 同一个空间中，金属元素的色调和样式都要统一

使用带花纹的墙纸与布艺织物

在墙面或窗帘这样大面积的装饰物上，每种花纹都能起到不同的作用。对比鲜明的花纹会给人以压迫感，也容易使房间显得狭小。另外，横向条纹有横向延伸的效果，纵向条纹则有纵向拉伸的效果。

即使相同颜色，也会由于所占面积的大小而产生不同的效果。面积越大，浅色就显得越明亮，暗色则显得越深沉。在选择地板与墙纸的时候，在购买之前应尽量察看面积更大的样品，便于预判其效果。

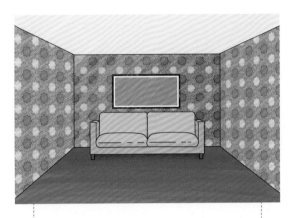

大型或是深色的花纹，会给人带来压迫感，进而使房间看上去狭小。

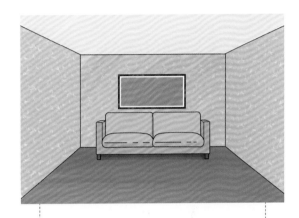

要想使房间更加宽敞，尽量选择白色或浅色的、无花纹或花纹较小的墙纸或织品。

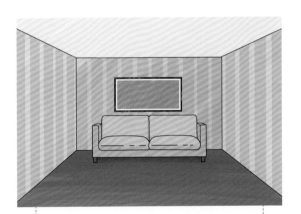

纵向条纹可将事物拉长，但如果条纹的颜色对比过于强烈，并且大面积使用，就会显得室内狭小。

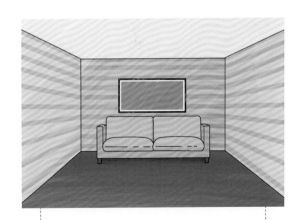

横向条纹可将事物横向拉长，用作墙纸显得顶面较低，给人以压迫感。

第三章

窗帘与地毯的搭配应用

窗帘和地毯的搭配是家居软装设计的重点之一。要想打造生动精致的生活空间，窗帘的巧妙搭必不可少。窗帘作为家中大面积色彩的体现，其颜色的选择要考虑到房间的大小、形状以及方位，必须与整体装饰风格形成统一。在现代家居生活中，地毯的应用十分广泛，在客厅、卧室、书房以及卫浴间都很常见。

窗帘类型选择

 窗帘的组成

　　一套窗帘通常由帘头、帘身、帘杆、帘带和帘栓等部分组成。

　　帘头起装饰作用，可分为水波帘头、平幔、水波配平幔、工字折帘头等，每一种又可以设计、制作出很多款式。带有帘头的窗帘可以更好地烘托室内的华丽氛围，如新古典装饰风格的室内常使用波浪且带有流苏的帘头。现代简约风格的空间中应避免使用复杂的帘头。除了特殊装饰外，一般帘头的高度是窗帘高度的 1/4。如果房子的层高不高，建议不要使用造型复杂、太低的帘头，以免遮挡窗户光线。

帘杆　　帘身　　帘头　　　　帘带和帘栓

1 水波帘头

2 平幔帘头

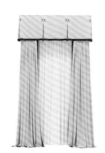

3 工字折帘头

帘身包括外帘和内帘。外帘一般使用半透光或不透光的较厚面料，如需要完全遮光效果，则会在外帘内侧增加遮光帘。如果不想使用帘头，可将外帘直接悬挂于帘杆上。内帘也称为纱帘，一般为半透明纱质面料，材质有棉纱、涤纶纱、麻纱等，通常与外帘搭配使用。

外帘一般使用半透光或不透光的较厚面料

内帘一般为半透明纱质面料

　　帘杆用于悬挂外帘和内帘，一般类分为滑轨和罗马杆两种。滑杆是指一条轨道中间一串拉环；罗马杆是指一个杆子上穿圆环，两头用大于圆环的头部堵住。滑轨造型简洁，一般安装在顶面，会用窗帘盒、石膏线或者吊顶挡住。罗马杆有各种美观的造型，一般安装在墙面，露出来比较好看。

　　帘带和帘栓通在掀起窗帘后起固定作用，二者通常搭配使用。

1 滑杆

2 罗马杆

△ 悬挂外帘和内帘的帘杆

△ 帘带和帘栓通常搭配使用

窗帘主要材质种类

　　根据布料的厚薄及织法，窗帘分为厚垂帘、薄而透光的蕾丝与纱料窗帘、比蕾丝厚一些的、用更粗的线纺成的半透窗帘等。目前市面上的窗帘多为化纤材质，其特点是不易留下皱痕，洗后不易变形。棉麻材质则更贴近自然风格。

◎ 印花布

　　印花布，在较为平整的布料上印花而成的布料。有艺术气息的抽象派花纹，也有其他丰富的花纹。除了垂帘，纱帘也可以印花。

◎ 透明薄纱

　　薄而透光的材质，给人清爽的感觉，代表种类有机器编织出的蕾丝与使用细丝线平织出来的纱帘。在纱料上绣花纹的工艺叫作刺绣。

◎ 垂帘

　　也称作帷帐，粗线织成的质地偏厚重的窗帘。保温与隔音、遮光效果好，有花纹与无花纹等各种款式。最普通的窗帘类型是垂帘与蕾丝纱帘的双重组合。

常见窗帘的类型

　　窗帘分为成品帘和布艺帘，成品帘包括卷帘、折帘、日夜帘、垂直帘、蜂窝帘、百叶帘等；布艺帘分为横向开启帘和纵向开启帘。横向开启帘分为最常见百搭的平拉式窗帘和较为普遍的掀帘式窗帘两种，其中平拉式窗帘比较随意，使用灵活，适合绝大多数窗户。纵向开启帘分为罗马帘、奥地利帘、气球帘和抽拉抽带帘。

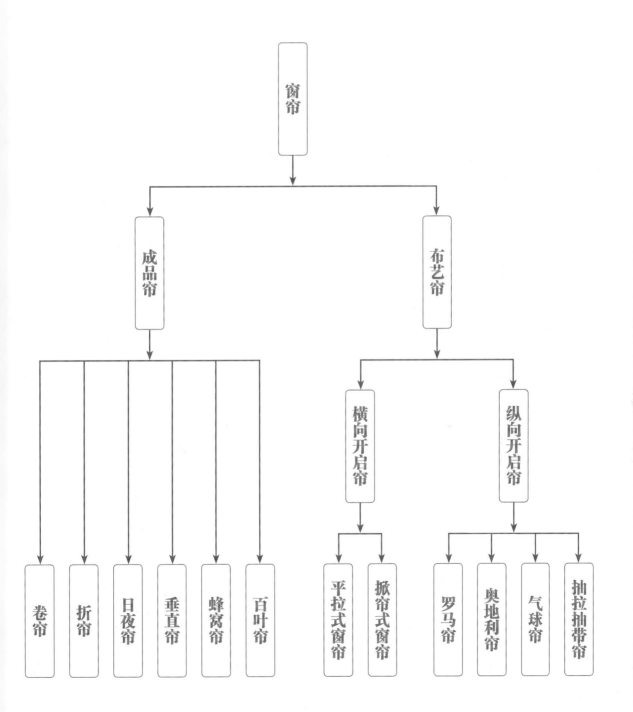

◎ 成品帘

卷帘	可随心调整至自己喜欢的高度, 有单色、花色, 也有是一整幅图画的	
折帘	外形类似折扇, 是一种可以折叠的窗帘, 能够有效地减少占用空间	
日夜帘	指斑马帘, 俗称柔纱帘, 一幅窗帘由两块不同质料组成, 一块透光性能好, 另一块遮光性能好, 可以根据具体的需要换着用	
垂直帘	因叶片一片片垂直悬挂于轨上而得名, 可自由左右调光达到遮阳目的	
蜂窝帘	又名风琴帘, 灵感来自蜂巢的设计, 市场上目前有两种类型: 全遮光蜂巢帘、半遮光蜂巢帘	
百叶帘	不仅可调节叶片角度来控制进光量, 也能如同窗纱一样兼顾亮度与室内隐私, 材质上可分为铝质百叶窗和木质百叶窗	

平拉式窗帘	平拉式是常见的窗帘样式之一，分为一侧平拉式和双侧平拉式。这种款式比较简洁，没有过多要求，不需要多余的装饰，所以价格方面相对较低	
掀帘式窗帘	另一种横向开启帘是掀帘式窗帘，这种形式也较为常见。在窗帘或高或低的部位系一个绳结，既可以起到装饰作用，又可以把窗帘掀向两侧，形成漂亮的弧线和一种对称美，尽显家居的柔美气质	

◎ 纵向开启帘

罗马帘	罗马帘分为单幅的折叠帘和多幅并挂的组合帘，雍容华贵、造型别致、升降自如、使用简便是罗马帘的主要特点。其中扇形罗马帘适用于咖啡厅、餐厅，矩形罗马帘适用于办公室、书房	
奥地利帘	奥地利帘的形态比较规整，帘体两端收拢，呈现出一种浪漫婉约的仪式感，是现代比较流行的窗帘，具有飘逸的花式和纹理，非常适用于有女性主人的家居装饰	
气球帘	气球帘和奥地利帘一样，帘体背面固定套环，通过绳索套串实现上下移动。帘体两端很随意地下垂，褶皱也很自然，呈现出一种随性闲适的美感	
抽拉抽带帘	抽拉抽带帘是在窗帘的中央用绳索向上拉的款式。窗帘的下摆处随着织物的柔软度产生自然随意的造型，适用于窄而高的窗户。但是由于抽带固定不是很灵活，开启和闭合都不方便，多用于装饰性空间中	

窗帘用料计算与色彩搭配

 窗帘的用料计算

因为国内建筑对窗户没有一个既定的标准尺寸要求，因此市面上的窗帘基本上都需要定制，需要事先测量窗户以计算窗帘面料的用量。一般说来，窗帘应比窗口的长和宽大些，帘布多做成带褶的。帘褶有自由式的，也有多种固定式的。不仅窗口规格对用料多少有影响，同样规格不用帘褶，用料也不一样。因此只有精确计算用料，才不会因购买过多或过少而造成浪费或不足。

以窗框为基准，测量窗框宽度后，应该加上窗户两侧各 15~20cm 的长度，确保窗隙无漏光。此外，还需要加上窗帘面料褶皱的量，一般简称褶量，2 倍褶量稍微有点起伏，3 倍褶量有较明显的起伏。以2m 的窗框宽度、两侧各预留15cm、3 倍褶量为例，其窗帘基本用料是（ 15cm×2)+(200cm×3)，此外还要加上窗帘两分片两侧卷边收口的量。

国内生产的窗帘面料一般为 280cm 定宽，280cm 一般作为窗户的高度方向，因此，只要窗户的高度不超过 250cm，窗帘的面料按量裁剪即可。国外进口的窗帘一般是 145cm 定宽，因此，面料是按照窗户的高度进行裁剪，但当窗户宽度较大时，幅宽需进行拼接。

窗帘的高度需要根据下摆的位置来决定，如果是窗台上要少 1.25cm，窗台下则要多出15~20cm，落地窗帘的下摆离地面 1~2cm 即可。

如果采用图案大且清晰醒目的布料或带有条纹、格纹的布料做窗帘，在拼接时应注意图案及条纹、格纹的组接，否则会影响窗帘的美观度。买这种类型的布料时，应增加拼接图案所需要的尺寸。

窗帘配色技巧

　　窗帘是家居空间软装设计的重点之一。要想营造生动精致的生活环境，窗帘的巧妙搭配必不可少。可以考虑在空间中找到类似的颜色或纹样作为选择方向，这样一定能与整个空间形成很好的衔接。另外选择时应注意，窗帘纹样不宜过于琐碎，要考虑打褶后的效果。

△ 客厅以家具颜色为中心选择窗帘的色彩

　　当地面与家具颜色对比度强的时候，可以地面颜色为中心选择窗帘；地面颜色与家具颜色对比较弱时，可以家具颜色为中心选择窗帘。面积较小的房间就要选用不同于地面颜色的窗帘，否则会显得房间更小。

△ 根据地面拼花图案选择窗帘

　　选择和墙面相近的颜色，或者选择比墙壁颜色深一点儿的同系色颜色。如果墙色是常见的浅咖色，就可以选比浅咖色深一点儿的浅褐色窗帘。

△ 窗帘选择比墙壁颜色深一点的同色系颜色

选择和床品一样颜色的窗帘，可以增强卧室的配套感。少数情况下，窗帘也可以和地毯色彩相呼应。但若地毯本身是中性色，则按照地毯颜色做单色窗帘，或者让窗帘带上一点儿地毯的颜色，不建议两者用同色。

像抱枕、台灯这样小件的物品，适合作为窗帘选色来源，这样不会导致同一颜色在家里铺得太多。

△ 客厅窗帘分别与抱枕、台灯的色彩相呼应

△ 选择与床品色彩相近的窗帘可增加卧室空间的配套感

次色调是除墙面和地面的大片颜色以外，人能注意到的第二种颜色。沙发抱枕通常是一个空间中的次色调，将其作为窗帘的选色来源是一个不错的选择。

地毯选择要点

不同地毯材质的特点

地毯的材质很多，一般而言有真丝、纯毛、纯棉、混纺、化纤、牛皮、麻质七种，不同的材质在视觉效果和触感上自然也是大相径庭，例如真丝是所有地毯材质中最亲肤、最健康的原料，纯毛材质给人的触感温柔舒适，而麻的质感则比较粗糙，给人粗犷的感觉。除了棉麻，比较常见的便是化纤材料了。地毯的材料一般分为天然纤维和工业纤维两种，后者比前者更加环保耐用，清洗起来也没有太多的讲究，是很多家庭的首选。

即使使用同一制造方法生产出的地毯，也由于使用原料、绒头的形式、绒高、手感、组织及密度等因素，都会生产出不同外观效果的地毯。最好根据每种地毯材质的优缺点，综合评估不同材质的性价比，然后根据装饰需要选择物美价廉的地毯。

△ 工业风格的空间通常利用地毯的柔软质感来缓和大面积水泥地面带来的冷感

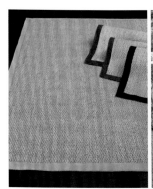

△ 不同材质的地毯有不一样的视觉效果和触感

◎ 真丝地毯

真丝地毯以 100% 纯天然、高质量的桑蚕丝为原料，色泽鲜艳、毯面柔软、洗涤不褪色，经久耐用，加之浓厚民族色彩的图案花纹，其具有很高的欣赏价值。

◎ 纯棉地毯

纯棉地毯的原材料为棉纤维，分平织、线毯、雪尼尔簇绒系列等多种类型，性价比较高，脚感柔软舒适。不过，因为吸水性好，所以容易发生霉变。

◎ 纯毛地毯

纯毛地毯一般以绵羊毛为原料编织而成，价格相对比较昂贵。纯毛地毯多用于卧室或更衣室等私密空间，比较清洁，脚感非常舒适，人可以赤脚踩在地毯上。

◎ 动物皮毛地毯

这类地毯一般用碎牛皮制成，颜色比较单一，烟灰色或怀旧的黄色最多。动物皮毛地毯有一股桀骜不驯的气质，这股天生的野性也是自由与闲适的象征。

◎ 化纤地毯

化纤地毯分为两种，一种使用面主要是聚丙烯，背衬为防滑橡胶，价格与纯棉地毯差不多，但品种更多；另一种是仿雪尼尔簇绒系列纯棉地毯，材料换成了化纤，价格便宜，但容易起静电。

◎ 混纺地毯

混纺地毯是向纯毛地毯中加入了一定比例的化学纤维制成的。在花色、质地、手感方面与纯毛地毯差别不大。装饰性不亚于纯毛地毯，且克服了纯毛地毯不耐虫蛀的缺点。

◎ 麻质地毯

麻质地毯分为粗麻地毯、细麻地毯以及剑麻地毯等，是一种具有自然感和清凉感的材质，是乡村风格家居最好的烘托元素，能给居室营造出一种质朴的氛围。

◎ 碎布地毯

碎布地毯是性价比最好的地毯，材料朴素，所以价格非常便宜，花色以同色系或互补色为主色调，清洁方便，可放在玄关、更衣室或书房中，是物美价廉的好选择。

地毯风格类型

◎ 现代风格地毯

现代风格空间中既可以选择简洁流畅的图案或线条，如波浪、圆形等抽象图形，也可以选择单色地毯，颜色在协调家具、地面等环境色的同时也要形成一定的层次感。若沙发的面料图案繁复，那么地毯就应该选择素净的图案；若沙发图案过于素净，那么地毯可以选择图案丰富一些的。

◎ 北欧风格地毯

北欧风格的地毯有很多选择，除了单色地毯，黑白两色也是北欧风格地毯经常使用的颜色。通常几何图案的地毯具有一种秩序感和形式美，显得北欧空间更加整洁。在北欧风格地毯中，苏格兰格子是常用的元素。此外，流苏是近年来非常流行的服装与家居装饰元素。不少北欧风格地毯中，也会使用这样的流苏元素。

◎ 美式风格地毯

美式风格的地毯以淡雅的素色为首选，传统的纹样和几何纹也很受欢迎，圆形、长椭圆形、方形和长方形编结布条地毯是美式乡村风格标志性的传统地毯。

◎ 法式风格地毯

在法式传统风格的空间中，法国的萨伏内里地毯和奥比松地毯一直都是首选；而法式田园风格的地毯最好选择色彩相对淡雅的图案，采用棉、羊毛或者现代化纤编织而成。植物花卉纹样是地毯纹样中较为常见的一种，能给大空间带来丰富饱满的效果，在法式风格中，常用此类地毯来营造典雅华贵的空间氛围。

◎ 新中式风格地毯

新中式风格的地毯既可以选择具有抽象中式元素的图案，也可选择传统的回纹、万字纹或花鸟山水、福禄寿喜等中国古典图案。

◎ 东南亚风格地毯

饱含亚热带风情的东南亚风格空间适合选择亚麻质地的地毯，带有一种浓浓的自然原始气息。此外，可选用以植物纤维为原料的手工编织地毯。在地毯花色方面，一般根据整体基调选择妩媚艳丽的色彩或抽象的几何图案，以增强神秘感。

纯色地毯与花纹地毯

　　地毯的颜色多样，并且不同颜色的地毯给人不同的感受，在软装搭配时可以将居室中的几种主要颜色作为地毯的色彩构成要素，这样选择起来既简单又准确。在保证了色彩的统一性、谐调性后，再确定图案和样式。地毯按色彩和纹样的区别主要分为纯色地毯和花纹地毯两类。

纯色地毯

◎ 浅色地毯

　　在光线较暗的空间里选用浅色的地毯能使环境变得明亮，例如纯白色的长绒地毯与同色的沙发、茶几、台灯搭配，可营造出一种干净纯粹的氛围。

◎ 深色地毯

　　在光线充裕、环境色偏浅的空间里，深色的地毯能使轻盈的空间变得厚重。例如，面积不大的房间经常选择浅色地板，正好搭配颜色深一点儿的地毯。

◎ 拼色地毯

　　拼色地毯的主色调最好与某种大型家具一致，或是与其色调相对应，比如红色和橘色、灰色和粉色等，这样和谐又不失雅致。在沙发颜色较为素雅时，运用撞色搭配总会产生让人惊艳的效果。

花纹地毯

◎ 条纹地毯

简单大气的条纹地毯几乎成为各种家居风格的百搭地毯，只要在地毯配色上稍加留意，就基本能适合各种风格的空间。

◎ 格纹地毯

在软装配饰纹样繁多的场景里，一张规矩的格纹地毯能让热闹的空间迅速冷静下来而又不显突兀。

◎ 动物纹样地毯

时尚界经常采用豹纹、虎纹、斑马纹作为设计要素。这种动物纹理天生带着一种野性的韵味，让空间瞬间充满个性。

◎ 几何纹样地毯

几何纹样地毯简约又不失设计感，不管混搭还是搭配北欧风格的家居都很合适。有些几何纹样的地毯立体感极强，适用于光线较强的房间。

◎ 植物花卉纹样地毯

植物花卉纹样是地毯纹样中较为常见的一种，能给大空间带来丰富饱满的感觉，在欧式风格中，多选用此类地毯以营造典雅华贵的空间氛围。

地毯配色原则

通常，地毯有两种重要的颜色，即边色和地色。边色就是手工地毯四周毯边的主色，地色就是毯边以内的背景色，而在这两种颜色中，地色占了毯面的绝大部分，也是软装时应该首先考虑的颜色。

地色 --------

边色 --------

在进行家居空间的软装搭配时，可以将地毯放在第一位进行选择，墙面、沙发、窗帘和抱枕都可以按照地毯的颜色去搭配，这样就会很省心。比如，地毯地色是米色，边色是深咖色，花纹是蓝色，那么墙面和沙发可以选择米色，搭配一个或两个蓝色的单人休闲椅，窗帘可以选择米色或蓝色，但尽量保证它们都是单色，花纹也不要过多，这样整个空间就显得非常有气质。

 地毯、抱枕　　 休闲椅、地毯花纹、窗帘　　⬤ 沙发、窗帘、墙面

地毯配色技巧

在铺地毯时，要让地毯的地色与家里的软装饰品、装饰画的颜色保持在同一个色系中，这样就能避免空间的视觉杂乱感。此外，还可以选择一两个与地毯纹样类似的小物件，这样就能最大限度地保证空间风格和谐。

如果家里已经有比较复杂图案的装饰，比如窗帘、床品、椅面和软装饰品等，再选择图案复杂的地毯会使空间显得过于张扬凌乱，此时可以退而求其次，选择一条小尺寸的地毯，其更大的作用是装饰，将空间的氛围和质感烘托出来。

△ 床品和墙面已经有相对复杂的图案，可选择一条小尺寸的地毯烘托氛围

搭配几个与地毯纹样类似的沙发抱枕，保证整体空间的协调感。

手工地毯的图案风格虽然复杂，但都非常经典。如果家里铺了手工地毯，那么在其他软装饰物上，都可以用比较经典的图案，比如斑马纹、格子纹、佩斯利纹样等。

在色调单一的居室中铺上一块色彩或纹样相对丰富的地毯，地毯会立刻成为目光的焦点，让空间重点突出。在色彩丰富的家居环境中，最好选用能呼应空间色彩的纯色地毯。

◎ 地面与家具的颜色过于接近

在视觉上很容易将它们混为一体，这个时候就需要一张色彩与二者有着明显反差的地毯，从视觉上将它们一分为二，而且地毯的色彩与二者的反差越大，效果越好。

◎ 地面与主体家具的颜色都比较浅

很容易造成空间失去重心的状况，不妨选择一块颜色较深的地毯作为整个空间的重心。

◎ 地面与家具的色彩有着明显的反差

一张色彩明度介于两者之间的地毯能让视觉得到一个更为平稳的过渡。

在空间面积偏小的房间中，应格外注意控制地毯的面积，铺满地毯会让房间显得过于拥挤，而最佳面积应占地面总面积的 1/2 ～ 2/3。此外，相比于大房间，小房间里的地毯应更加注意与整体装饰色调和图案协调统一。

第四章

家具类型与摆设尺寸

家具是家居空间中体量最大的软装元素。家具的选择与布置是一个复杂的问题。既涉及居室环境的因素，又涉及家具本身的情况。除了考虑家具的功能、尺寸、结构的实用性，还要考虑其造型与色彩的美观性等。根据空间的格局来安排家具并使之达到平衡与彰显美感，是家居软装设计的重中之重。

家具类型选择

 常见的家具材料类型

　　材料是家具的基础，日常生活环境中有成千上万种材料，各种材料都有自身的纹理、质感和触感特征。因此，在选择家具空间中的家具材料时，必须考虑材料的特性，帮助家具体现固有的功能特征。

家具类型	家具图片	家具特点	适用风格
实木家具		表面一般都能看到木材真正的纹理，可分为纯实木家具与仿实木家具，纯实木家具的所有用料都是实木，仿实木家具是实木和人造板混用的家具	中式家具一般以硬木材质为主；美式乡村风格空间常用做旧工艺的实木家具；日式风格的实木家具一般比较低矮；北欧风格的实木家具更注重功能实用性
板式家具		是指以人造板为主要基材、以板件为基本结构的拆装组合式家具，价格一般远低于实木家具	大多采用木材的边角余料为原材料，无形中保护了有限的自然资源，是现代简约风格中最为常见的家具类型
金属家具		以金属材料为架构，配以布艺、人造板、木材、玻璃、石材等制造而成，也有完全用金属材料制作的铁艺家具	轻奢风格空间中常见整体为金属或带有金属元素的家具，铁艺家具适合地中海风格、工业风格等带有复古气质的空间风格

家具类型	家具图片	家具特点	适用风格
玻璃家具		选用高强度的玻璃为主要材料，配以木材、金属等辅佐材料制作而成，相比于其他材质的家具，可以制造出各式各样的优美造型	抽象的不规则形状的玻璃家具适用于装饰艺术风格的空间，方形、圆形玻璃家具更适用于简约风格的空间
布艺家具		应用最广的家具类型，其最大的优点就是舒适自然，休闲感强，容易让人体会到家居放松感，可以随意更换喜欢的花色	现代简约、田园、新中式或混搭风格空间都可以选用布艺家具，其中丝绒布艺家具是轻奢风格空间中常见的家具类型
皮质家具		体积较大，外形厚重，适合面积较大的空间。按原材料分为真皮、人造皮两种；按表面工艺分为哑光皮家具和亮面皮家具	美式风格中的皮质家具复古气息浓厚，细节部分则加入铆钉的装饰，工业风格的皮质家具通常选择原色或带点磨旧感的皮革
藤质家具		最大的特色是吸湿、吸热、透气、防虫蛀以及不会轻易变形和开裂等。而且其色泽素雅、光洁凉爽，无给人以浓郁的自然气息和清淡雅致的情趣	在希腊爱琴半岛地区，当地人对自然的竹藤编织物非常重视，所以藤类家具常用在地中海风格的空间中。东南亚风格的家具常以两种以上不同材料进行混合编织，如藤条与木片、藤条与竹条等
亚克力家具		具有极佳的耐候性，以及较高的硬度和光泽度。既可采用热成型，也可以用机械加工的方式进行制作。不仅色彩丰富，而且造型简洁，不过多占用空间面积	带有几何造型感的亚克力家具，可以更好地展现现代风格的装饰特征。在为居住环境营造视觉焦点的同时，还能将极简理念融入室内设计中

定制家具与成品家具的对比

定制家具是指根据个人喜好和空间细节定做个性化的家具配置，除了独一无二，还能满足不同业主对家具的不同个性需求，特别是款式、尺寸和颜色上能满足个人偏好。

定制家具通常以家具规格、材质、制作工艺进行报价，不同公司的报价会有一定差异，以某户型的定制橱柜为例，等客户将板材、五金件等确定下来，家具设计师会给客户一个最终的报价。按照家具的面积、使用的五金件等设备，家具设计师会对其做一个预算，告知客户这套定制橱柜的大致金额，最终的报价会在预算的基础上上下浮动。

对比项目	成品家具	定制家具
空间应用	一般指已经制作好的家具，无法改变家具的外观、尺寸或格局	按业主的实际需求而设计，可根据房型空间专门量身定做
风格种类	在风格上更为多样化，基本上不同风格的家具店都可以找到相应风格的家具产品	风格的选择越来越多，厂家设定了许多家具模板，可根据业主需求进行匹配生产
制作费用	根据材料、品牌的不同，便宜的家具只需几十元或上百元，贵的价格可达几千、几万元等，业主可根据自己的经济情况选择价位	定制的家具都比较讲究，对工艺要求较高，而且是为单个业主按需定制，其设计和制作的成本都比较高，价位自然也比较高
交货时间	交货比较快，业主只要根据家居风格进行选择，就可以很快将家具搬入新家	需要提前测量、设计、制作，最后上门安装，整个周期会比较长

在签订定制家具的合同时一定要非常谨慎，合同内容应尽量明确家具的尺寸、价格、材质、颜色、交货及安装时间等信息，并对可能出现的延期交货及质量问题等约定相应的赔偿或退换货标准。另外，送货上门及安装环节，一定要亲自到场查验，一旦发现问题，应当场指出并拍照留存以备维权时作为依据。

家具配色重点

家居空间中除了墙面、地面、顶面，最大的就是家具的面积，整体配色效果主要是由这些大色面组合在一起形成的，单一地考虑哪个颜色往往达不到和谐统一的整体配色效果。

在制订空间的整体配色方案时，可以先确定需要购买哪些家具，由此考虑墙面、地面的颜色，甚至窗帘、灯具、摆件和挂件的颜色。这样的配色主体突出，不易产生混乱感，操作起来比较简单。

当然，先确定家具并不一定在装修前就要下单购买。可以先多逛一逛家具卖场或者上网查询，对居住者喜欢的家具进行全面的了解，整理出色彩的特点以后，就可以在这个基础上进行全盘的配色规划。在室内施工时，根据拟定的配色方案进行墙、地面的装饰，一定能与最后搬进来的家具形成完美的色彩搭配。如果事先不考虑家中所需要的家具，而是一味孤立地考虑室内硬装的色彩，在软装布置时有可能很难找到颜色匹配的家具。

△ 以家具色彩为中心，延伸出装饰画、地毯等软装物件的色彩

如果精装房的业主不想改变家居空间的硬装色彩，那么家具的颜色可根据墙、地面的颜色来选择。例如，将房间中大件的家具颜色靠近墙面或者地面，这样就保证了整体空间的协调感。小件的家具可以选择与背景色呈对比的色彩，从而制造出一些变化。既增强整个空间的活力，又不破坏色彩的整体感。

还有一种方案是将房间中的家具分成两组，一组家具的色彩与地面相近，另一组则与墙面相近，这样的配色很容易达到和谐的效果。如果感觉有些单调，那就通过一些花艺、抱枕、摆件、壁饰等软装元素的鲜艳色彩进行点缀。

△ 小件家具可以采用与背景色对比的色彩，增强空间活力

三人沙发作为主体家具，色彩与亚麻地毯相协调，并通过抱枕图案的点缀，再次与地面形成呼应。

单人沙发作为小件家具，与墙面的色彩构成同系色搭配，通过明度变化制造出空间的层次感。

家具材质与色彩的关系

    同种颜色的同一种家具材质，选择表面光滑与粗糙的进行组合，就能够形成不同明度的差异，能够在小范围内制造出层次感。玻璃、金属等给人冰冷感的材质被称为冷质家具材料，布艺、皮革等具有柔软感的材质被称为暖质家具材料。木质、藤质等介于冷和暖之间，被称为中性家具材料。暖色调的冷质家具材料，暖色的温暖感有所减弱；冷色调的暖质家具材料，冷色的感觉也会减弱。

△ 暖质家具材料

△ 中性家具材料

△ 冷质家具材料

家具摆设尺寸

家具大小与所占空间比例

家具是家居空间中体量最大的软装元素。家具的选择与布置是一个复杂的问题。既涉及居室环境的因素，又涉及家具本身的情况。除了考虑家具功能、尺寸、结构的实用性，还要考虑其造型与色彩的美观性等。

选择家具不能只看外观，尺寸合适与否也是很重要的，在卖场看到的家具总感觉比实际的尺寸小。觉得尺寸正合适的家具，实际上大一号的情况也时有发生。所以，有必要首先了解家具实物的尺寸，回去后再认真考虑。其次要按一定比例放置家具。室内的家具大小、高低都应有一定的比例。这不仅是为了美观，而更重要的是关系到舒适和实用。如沙发与茶几、书桌与座椅等，它们虽然分别是两件家具，但使用时是一个整体。如果大小、高低比例不当，就既不美观又不实用。

各种家具在室内所占空间比例一般不能超过 50%。如果从美学的角度来讲，家具占空间的 1/3 最为合适。

沙发所占面积不要超过客厅总面积的 1/4 ~ 1/3，沙发太大会在视觉上产生一种拥挤感。

床占卧室的面积不宜超过 50%，一味追求大床而忽略与空间的关系，只会适得其反。

家具摆设与动线关系

在摆设家具时不能依照"家具本身是否能放进这块地方"来做判断，还要考虑到在家具周围进行一系列活动时所需的空间。比如拉开餐椅，后面的空间可否供人通行；衣柜摆放在床边，而且距离十分近，首先衣柜的门无法完全打开，而且下床的人会不小心碰到衣柜；在大门后设置鞋柜，如果鞋柜太大，导致大门无法完全开启，而且大门挡着鞋柜门，这些都是没有计算好活动的结果。

此外，如果房间的窗帘较为厚重，收起时的褶皱也会占用宽度20cm左右的空间，放置家具时，需要为其留出余地。

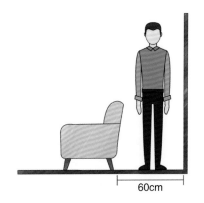

60cm

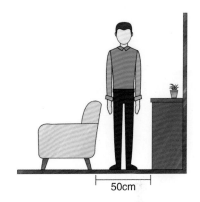

50cm

如果在两个矮家具之间走动的时候，使上身可以自由转动，过道至少要留出50cm宽的空间；如果一侧有墙或是高家具，则过道最窄不可低于60cm。

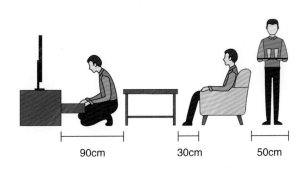

90cm 30cm 50cm

普通的抽屉在打开时，需要留出90cm的空间；沙发与茶几之间的距离以30cm为宜。过道至少要留出50cm宽的空间。考虑到端着盘子或抱着换洗衣物的情况，最好留出宽度90cm左右的空间。

第五章

灯具类型与灯光氛围营造

灯光照明是家居软装设计中一项不可或缺且专业性极强的重要设计内容。巧妙的照明设计不仅可以为居住者带来更加安全舒适的居住体验，使整个空间看起来更加美观，还可以为生活增添情致和乐趣。而家居空间中的灯具除了设计造型本身外，其制作材质的选择，也是一个不可或缺的重要因素，并且不同的材料，也有着独特的制作工艺。

灯具的选择要点

 不同类型的灯泡特点

　　一个空间的照明设计成功的关键在于灯泡的选择。由于目前普遍要求节能，热效率低的白炽灯逐渐减少，人们广泛使用的是 LED 灯泡，它不仅耗电量低，而且寿命是白炽灯的 20 倍。荧光灯虽然没有 LED 灯的功能，但它的性能好、寿命长，并且灯泡的形状种类非常多。具体选择时需要从灯具款式、灯泡价格以及开灯的时间等因素来考虑具体使用何种灯泡。

	LED 灯泡	白炽灯	荧光灯
种类			
优点	亮度较高，发光率较佳，耗电少，可结合调光系统营造空间意境	灯体和光影散发光影质感，即使频繁开关，也不会影响灯泡寿命	耗电少，光感柔和，大面积泛光功能性强
缺点	投射角度集中	比较耗电，损耗率高	不可调节亮度，光影欠缺美感
适用场合	长时间开灯的房间，高处等不便更换灯泡的地方	需要对所照亮的物体进行美化的地方、需要白炽灯所产生的热度的地方	长时间开灯的房间

吊灯		需要根据照明面积、需达到的照明要求等来选择合适的灯头数量。灯头数量较多的吊灯适合为大面积空间提供装饰和照明；而灯头数量较少的吊灯适合为小面积空间提供装饰与照明
吸顶灯		吸顶灯底部完全贴在顶面上，特别节省空间，适用于层高较低的空间。通常面积在 $10m^2$ 以下的空间宜采用单灯罩吸顶灯，超过 $10m^2$ 的空间可采用多灯罩组合顶灯或多花装饰吸顶灯
筒灯		筒灯有明装筒灯与暗装筒灯之分，根据灯管大小，一般有 5 寸的大号筒灯、4 寸的中号筒灯和 2.5 寸的小号筒灯三种。筒灯在一个平面上的设置不宜过多，一般，家居设计的筒灯数量以 2~4 盏最为普遍
壁灯		壁灯造型丰富，分为灯具整体发光和灯具上下发光两种类型。可以随意固定在任何一面需要光源的墙上，并且占用的空间较小，因此普遍适用

台灯		台灯主要放在写字台、边几或床头柜上供书写、阅读时使用。大多数台灯由灯座和灯罩两部分组成，一般灯座由陶瓷、石质等材料制作成，灯罩常用玻璃、金属、亚克力、布艺、竹藤等材料制成
落地灯		落地灯从照明方式上主要分为直照式落地灯和上照式落地灯。直照式落地的光线照在顶面上漫射下来，均匀散布在室内。上照式落地灯搭配白色或浅色的顶面才能发挥出理想的光照效果
射灯		射灯的光线具有方向性，而且在传播过程中光损较小，将其光线投射在摆件、挂件、挂画等软装饰品上，可以让装饰效果得到完美的提升
地脚灯		地脚灯又可称为入墙灯，一般作为室内的辅助照明工具。通常安装在过道或楼梯等地方，让地面的高低差可以清楚地被看到，或照射地面以确保脚边的光线

灯具的尺寸选择

灯具的选择除了造型和色彩等要素，尺寸大小也尤为重要。有的家居空间中灯具造型很漂亮，非常精致，但安装后整个空间没有呈现出好的效果，其实就是灯具尺寸有问题。空间的大小是决定灯具尺寸大小的重要因素。

如灯具外框是圆形布罩，并且不大通透，采购或加工时应调小尺寸

△ 单头吊灯

△ 多头吊灯

△ 吊扇灯和分子灯虽然扇叶非常大，但是扩散型的，安装后给人的感觉偏小偏弱，采购或加工时应调大尺寸

◎ 10m² 的房间

一般选择直径 20cm 的吸顶灯或单头吊灯比较合适。

◎ 15m² 的房间

直径为 30cm 的吸顶灯或者直径为 40~50cm 的 3~4 头小型吊灯为宜。

灯具的搭配原则

空间门窗的位置、有无横梁、吊顶深度等，这些因素都会影响到灯具的选择。一个空间中的灯具最好是在款式和材料上形成统一，例如，两个台灯的组合，可考虑选用同款，形成平行对称；落地灯和台灯组合，最好是同质同色系列，外形上稍做变化，就能让层次更丰富，这一原则同样适用于台灯与壁灯的组合选择。

在一个比较大的空间里，如果需要搭配多种灯具，就应考虑风格统一的问题。例如，客厅很大，需要使灯具在风格上形成统一，避免各类灯具之间在造型上互相冲突，即使想要做一些对比和变化，

也要通过色彩或材质中的某一个因素使两种灯具和谐统一。

△ 餐厅的落地灯与客厅的吊灯虽然造型各异，但是具有同样的色彩和款式，协调的同时显得层次丰富

△ 在自然风格的空间中，适合选择木质、竹编等环保材料的灯具

△ 台灯与壁灯都带有黄铜材质，形成了和谐的美感

灯罩是灯具能否成为视觉亮点的重要因素，选择时要考虑想让灯散发出明亮还是柔和的光线，或者想通过灯罩的颜色来实现一些色彩上的变化。虽然一般选择色彩淡雅的灯罩比较安全，但适当选择带有色彩的灯罩同样具有很好的装饰作用。

灯具的选择除了其造型和色彩等要素，还需要结合所挂位置空间的高度、大小等综合考虑。一般来说，层高较高的空间，灯具的垂挂吊具应较长。这样的处理方式可以让灯具占据空间纵向高度上的重要位置，从而使垂直维度更有层次感。

△ 很多吊灯除了照明功能，也是一种装饰性很强的软装元素

△ 灯罩的色彩与餐椅形成呼应，活跃空间氛围

△ 层高较高的空间中，为了更好地满足照明需求，灯具所垂挂的吊具也应相加长

● 经典灯具的应用

◎ 分子灯

以极其流畅的线条，以及满足各种 DIY 控的可调节造型，搭配手工吹制的红酒杯灯罩而闻名。除了家居空间，同时也活跃在各大网红店铺、咖啡厅、卖场等空间中。

◎ 魔豆灯

魔豆灯的设计灵感来源于蜘蛛，由众多圆形小灯泡组合起来，铁艺与玻璃的组合带来独一无二的魅力，同时灯罩具有通透性，使用者也可以轻易调节光线照射的方向。

◎ IC 灯

一个蛋白石光球提供漫射，电源线上配有调光器，由形状各异的镀黄铜框架支撑。既与反光金属和几何元素空间相结合，同时兼具雕塑感。

◎ Atollo 灯

由设计师 Vico Magistretti 一手打造，这是一款由圆柱、圆锥以及半球型三个简洁的构造组合而成的灯具。比起一盏灯，它更像一座雕像，严谨简洁的线条涵盖了所有技术处理细节。

◎ Arco 灯

由意大利著名设计师 Castiglioni 兄弟所设计，其极具代表性的细长弧形灯柄，与前端的灯罩与厚实的底座是对刚柔、优雅、柔美的完美阐释，是现代风格和北欧设计风格经典灯具的选择。

◎ 树杈灯

树杈灯是手工制作的，外观呈不规则的立体几何结构，使用铝＋亚克力的材质制作而成。它线条清晰，衔接角也比较有立体感。即使不发光，也能散发出时尚又美观的气息。

◎ Tolomeo 灯

Tolomeo 灯轻盈纤细，线条简洁，风格优雅。材料为经过特殊处理的铝材。台灯的弹簧结构隐藏在灯体内部，在开关、灯头和灯架的灵活性上均有革命性的创新。

◎ AJ 灯

整个 AJ 系列灯饰包括壁灯、台灯、落地灯三种，其中壁灯不管在室内还是在室外都适用，AJ 系列灯饰的材质都是精制铝合金，线条简洁，造型流畅，没有多余的按钮，辨识度极高。

◎ Beat 吊灯

Beat 系列吊灯有后现代工业的气质，其铁艺灯罩以及黑色的外部表面，能与温暖的灯光形成完美的对比。Beat 吊灯适用于餐厅或者吧台等区域，圆形的垂线型灯饰无论单独使用还是组合使用，都能成为空间中的视觉焦点。

◎ Slope 吊灯

Slope 系列灯具由意大利家具品牌 Miniforms 和米兰设计师 Stefan Krivokapic 合作设计。Slope 吊灯的主干一般用实木制成，灯罩由黄、白、灰三种颜色组成，造型也各有不同，三个灯罩的组合为北欧风格的家居空间带来了活泼的气氛。

◎ PH 灯

由被称为"现代照明之父"的丹麦设计师 Poul Henningsen 设计，这类灯具拥有多重同轴心遮板以辐射眩光，同时它发出反射光，模糊了真正的光源。

家居空间的灯光照明重点

 灯光设计原则

在进行照明设计时，首先应考虑房间的功能及使用者的个性化需求，可利用灯光设计不同的主题或模式，以营造不同功能主题的照明环境。其次应确认好空间门窗的位置、有无横梁、吊顶深度等，这些因素会影响到灯具的选择。最后是了解家居空间的装饰风格、家具位置、家具颜色的深浅等，以确认灯光参数。灯光还可以强调空间的造型，可以通过灯光来突显。

项目	目的	内容
家庭成员	掌握必要的照度	□ 家庭成员 　确认家中成员的年龄等信息
兴趣、爱好	掌握生活模式	□ 家庭成员的兴趣和喜好 　在哪个房间待的时间更久一些
各个空间的用途	确定各个房间的照明和照度	□ 房间名称 □ 饮食、烹饪、阅读、聚会、工作、娱乐 □ 其他 　确定各个房间具体的用途，确定必要的高度
照明的喜好	业主对照明的喜好	□ 喜欢整体明亮的空间 □ 喜欢明暗分明的空间 □ 喜欢白炽灯泡那种温暖的光 □ 喜欢荧光灯那种偏白的光 □ 喜欢很少需要维修的 LED 灯 □ 其他
空间界面色彩的喜好	确认颜色明暗对照度的影响	□ 喜欢墙壁、地面、顶面都接近白色的空间 □ 喜欢地面颜色较深、墙面和顶面接近白色的空间 □ 喜欢地面和顶面颜色较深、墙面接近白色的空间 □ 喜欢荧光灯那种偏白的光 □ 喜欢墙面、地面、顶面都接近深色的空间 □ 其他

灯光与装修材料的关系

在室内灯光的运用上，也要考虑到墙、地、顶面表面材质和软装配饰表面材质对光线的反射，这里应当同时包括镜面反射与漫反射。

浅色地砖、玻璃隔断门、玻璃台面和其他亮光平面可以近似认为是镜面反射材质，而墙纸、乳胶漆墙面、沙发皮质或布艺表面以及其他绝大多数室内材质表面，都可以近似认为是漫反射材质。此外，接近白色而有光泽感的材料更能反射光线，反之，黑色系有厚重感的材料则能吸收光线。

△ 玻璃隔断门、浅色地砖等为镜面反射材质

△ 乳胶漆墙面、布艺硬包等为漫反射材质

不同配光方式对空间氛围的营造

在进行照明设计时，应考虑房间的功能及使用者的个性化需求，可利用灯光设计不同的主题或模式，以营造不同功能主题的照明环境。

配光指的是使用不同的灯具来调控光线延伸的方向及照明范围。即使将瓦数相同的灯泡安装在同一位置，灯光的强度及方向也会因灯具的差异而有所不同，这一点儿差异足以影响整个房间的氛围。

一个空间中可以运用不同配光方案来交错设计出自己需要的光线氛围，配光效果主要取决于灯具的样式和灯罩的材质。在购买灯具前，首先要在脑海中构想自己想要营造的照明氛围，最好在展示间确认灯具的实际照明效果。

漫射型配光的光源往往被封闭在一个独立的空间中，其灯罩通常是由半透明的磨砂玻璃、乳白色玻璃灯漫射材质制成的。

间接型配光的特征为光亮柔和、不刺眼，能够营造出让人舒适的氛围，适用于起居室、卧室等休息空间。

直接型配光的方式常用于办公桌照明、餐桌上方照明等，适用于想要强调室内某处的场合，但容易将顶面与房间的角落衬托得过暗。

◎ 直接型配光

所有光线向下投射，适用于想要强调室内某处的场合，但容易将顶面与房间的角落衬托得过暗。

◎ 半直接型配光

大部分光线向下投射，小部分光线通过透光性的灯罩，投射向顶面。这种形式可以缓解顶面与房间角落过暗的现象。

◎ 间接型配光

将光源照射在墙面、顶面上，利用反射光来照亮空间，不会使人炫目，同时也容易创造出温和的氛围。

◎ 半间接型配光

通过向吊顶照射的光线反射，再加上小部分从灯罩透出的光线，向下投射，这种照明方式较为柔和。

◎ 漫射型配光

利用透光的灯罩将光线均匀地漫射至需要光源的平面，照亮整个房间。相比于前几种照明方式，更适用于宽敞的空间。

层高偏低的空间照明设计手法

层高偏低的空间，除了在顶面装饰反射性材质和在墙面利用竖线条图案以拉高顶面的视觉效果，在灯光的搭配设计上，还有其他几种手法：

首先可以采用镜面等反射性材质的吊顶，并将灯光往上打，通过光线漫射至吊顶并将光源散发出去，会让顶面有向上延伸的视觉效果。

其次，可将吊顶压低，将光源设计在顶面四周，打向墙面，沿墙而下，通过光晕效果会有拉高顶面的感觉。

此外，除了往上打灯以，还可以在近地面处的柜体或层板下方安装灯管，让下方散发出柔和的灯光，地面会有退缩效果，空间层高瞬间被拉高，如果柜体的上方再做间接照明，空间就更有上下拉长的感觉了。

△ 在近地面处的柜体下方安装灯管

△ 将光源设计在顶面四周

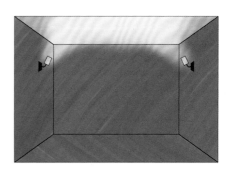

利用射灯照亮吊顶则强调上方的空间，从视觉上显得顶面更高，在宽敞的房间内更能凸显其效果。

面积较小的空间照明设计手法

首先建议让墙面均匀着光，例如，打上整个区域都均衡的光线，会放大空间，最好墙面还配合使用浅色的色彩，如白色、浅蓝色、灰色等，有放大空间的效果。

其次是在空间的转角处安装壁灯，灯光往上下或左右两边的墙上打就会均匀，而且能照亮所有边界，可使房间看起来比较大。若是遇到层高较低的空间，可以利用落地灯，选择灯罩上下都有开口的，让光源可以往上和往下照射，拉升顶面的视觉高度，起到放大空间的效果。

还有一种最常运用的手法，就是把鞋柜、玄关柜等设计成离地面有一段距离的样式，就是留出安装间接灯光的空间，让柜体飘浮，也有放大空间的效果。

△ 在空间的转角处安装壁灯

利用射灯照亮墙面，营造出横向的宽敞感，如果将光线打在艺术作品上，能营造出美术馆式的氛围。

△ 安装两排轨道射灯，让两边的墙面均衡受光

第六章

花瓶和插花的点睛作用

插花作为软装设计的一部分，仅在空间中扮演一个小小的角色，戏份虽少，却能点亮整个居住环境，还能赋予空间勃勃生机。不管什么类型的插花，在做造型设计时，花瓶是必不可少的。花瓶的摆放应讲究与周围环境协调融合，其质感、色彩的变化对室内整体环境起着重要的作用。

花瓶的类型选择

花瓶材质类型

花瓶关乎营造整体气氛，花瓶与花材间应该在大小、外形、色彩、材质上能和谐搭配。有时候，漂亮的花材插在同样漂亮的花瓶里，却给人带来很别扭的视觉感受，这是因为花瓶与花材之间的搭配出现了问题，不同类型的花瓶搭配合适的花材才能实现赏心悦目的装饰效果。花瓶品种繁多，数不胜数。以制器材料来分，有玻璃、陶瓷、金属、木质和草编花瓶等。每一种材料都有自身的特色，用于插花会产生各种不同的效果。

@ S.U .N设计

单只花瓶虽给人以极简利落的感觉，但体积较小的花瓶可能被忽略，因此在合适的空间中可以摆放体量不一的花瓶，要注意其高低的起伏与韵律的变化。

△ 造型富有创意的抽象人面花瓶

面积比较小的空间不适合选体积太大的花瓶，避免产生拥挤压抑的感觉。可在适当的位置摆放玲珑的花瓶，正好起到点缀、强化的装饰效果。

◎ 玻璃花瓶

　　玻璃花瓶或许是所有花瓶中常被选择的一类，它既有储水和耐高温的特点，又具有透明和独特的光泽。玻璃花瓶分为透明、磨砂和水晶刻花等几种类型。如果单纯为了插花，选择透明或磨砂的就可以；以观花为目的，花瓶只是插花的工具。刻花的水晶花瓶，除可用来插花，其本身就是艺术品，具有极强的观赏性，但价格昂贵。

　　从色彩上来说，玻璃花瓶有含有钾的红色、含有钴的蓝色、含有铝的绿色、含有锰的紫色，玻璃花瓶的色彩有了大的突破。另外，因色彩配方的不断调整，金黄色、紫红色、乳白色等也相继登场，五彩纷呈，形成了梦幻般的效果。

1 水晶刻花玻璃花瓶

2 彩色玻璃花瓶

@本则设计

3 磨砂玻璃花瓶

@布鲁盟设

4 透明玻璃花瓶

◎ 陶瓷花瓶

陶瓷花瓶为陶质和瓷质花瓶的统称，是使用历史最为悠久的花瓶种类之一。瓷器的种类多受传统影响，极少创新。相对而言，陶器的品种极为丰富，或古朴，或抽象，既可作为家居陈设，又可作为插花用的器物。

陶瓷花瓶可分为朴素与华丽两种截然不同的风格，朴素的花瓶是指单色或未上釉的类型；华丽的花瓶则是指花瓶本身釉彩较多，花样、色泽都较为丰富的类型。

△ 未经上釉的粗陶花瓶具有拙朴的质感　　　　　　△ 手绘彩釉的陶瓷花瓶显得典雅大方

◎ 金属花瓶

　　金属花瓶是指由铜、铁、银、锡等金属材料制成的花瓶。金属花瓶的可塑性非常强，纯金属或以不同比例镕铸的合成金属，只要进行镀金、雾面或磨光处理，以及各种色彩的搭配，就能呈现出各种不同的效果。方形的不锈钢花瓶具有极简的特性，黄铜材质的花瓶和颜色深一些的绿植组合在一起更佳。

△ 金属花瓶在轻奢风格空间中较为常见

△ 质感厚重的黄铜花瓶本身就是一件艺术品

△ 雕刻精美的金属花瓶具有浓郁的古典气息

◎ 自然材质花瓶

主要指用木、竹、草等自然材质制作而成的花瓶。木质花瓶颜色朴实厚实，经常被用于衬托颜色不显眼的植物。很多木质花瓶都很有造型感，木头的纹理也有很好的自然美感，因此只需要少量的花材就能与木质的花瓶一起打造一个令人感觉舒适的的小角落。

竹子被视为东方文化的象征之一，因此竹子制作的花瓶也多了几分禅意。这种花瓶适合在日式或中式空间中使用，并且对花材的需求量不大，只追求意境。

草编花瓶是用草制成的花瓶。由于草是自然植物，所以编制出来的花瓶拥有一种自然的风情，适合在北欧风格或田园风格的空间中使用。

△ 木质花瓶

草编花瓶的种类多种多样，一般要做防水处理，如果用来装饰干花会有意想不到的效果。

花瓶造型分类

花瓶从造型上可分为台式花瓶、悬挂花瓶和壁挂花瓶，其中台式花瓶最为常见，例如瓶、盘、钵、筒及一些异形花瓶。

盘类花瓶底浅，口宽阔，多需要借助花插和花泥固定花材。此类花瓶有盘面空间大、重心低、容花量多、稳定性好等特点，适合制作写景式插花。

瓶类花瓶在花艺中颇为常用，其形状特色是身高口小和腹大。由于瓶口较小，瓶花构图紧凑，适宜表现花材的线条美，营造典雅飘逸之感。

△ 盘类花瓶

△ 瓶类花瓶

钵类花瓶的特点是身矮口阔，其高度介于瓶类花瓶与盘类花瓶之间，外形稳重、内部空间大、容花量多。

筒类花瓶口与底部大小相仿，款式多，质地不一，是中国传统几大花瓶之一。

△ 钵类花瓶

△ 筒类花瓶

异形花瓶是典型的时代发展的产物，包括英文造型、多孔式、卡通形象、水果造型、包装盒、生活用具等，是艺术生活化化的最佳诠释。

△ 异形花瓶

花瓶风格搭配

花瓶要根据空间的装饰风格来选择，或简单朴素，或雅致文艺，或优雅大方，这样才能呈现出不同的家居风情。

◎ 现代风格花瓶

现代风格空间可考虑线条简洁、颜色相对纯粹与透明，但是造型有一些奇异的花瓶。现代风格花瓶的材质包括玻璃、金属和陶瓷等。

◎ 北欧风格花瓶

北欧风格花瓶常用玻璃或陶瓷材质，偶尔会出现金属材质或者木质的花瓶。北欧风格花瓶的造型基本呈几何形，如立方体、圆柱体、倒圆锥体或者不规则体。

△ 现代风格花瓶

△ 北欧风格花瓶

◎ 美式风格花瓶

美式风格花瓶以陶瓷材质为主，工艺大多是冰裂釉和釉下彩，有浮雕花纹、黑白建筑等图案。此外也会出现一些做旧的铁艺花瓶、晶莹的玻璃花瓶以及藤质花瓶等。

△ 美式风格花瓶

◎ 中式风格花瓶

中式风格要符合东方审美，一般多选择造型简洁、中式元素和现代工艺结合的花瓶。除了青花瓷、彩绘陶瓷花瓶，也可选择粗陶花瓶营造禅意氛围。

△ 中式风格花瓶

◎ 欧式古典风格花瓶

欧式古典风格带有明显的奢华与文化气质，可以考虑选择带有欧洲时期气息的复古花瓶，如复古双耳花瓶、复古单把花瓶、高脚杯花瓶等。

△ 欧式古典风格花瓶

家居空间的插花艺术

 文竹盆栽

插花花材的选择

家居空间的花材没有特别的讲究，只要具备观赏价值，能持久水养，或本身较干燥，不需水养也能观赏较长时间，都可以剪切下来用于插花。

当然，插花的材料不仅限于活的植物材料，有时某些枯枝及干的花序、果序等也具有美丽的形态和色泽，同样可以用于插花。此外，各种各样的蔬菜和水果也可以作为素材，像黄瓜、南瓜、茄子、苹果、香蕉等都可用来插花。

2 多肉植物

3 白绿色鲜花

现在，花卉市场上还有许多人工干花也是很好的插花材料，它们虽然没有鲜花那样水灵和富有生机，但保留了新鲜植物的香气，同时保持了植物原有的色泽和形态，而且能长期保存。

另外，还有各种质地的人造花，如绢花、塑料花、纸花、金属花等，用它们做成的插花作品摆放在适当的地方，既能起到花卉的装饰作用，又比较经济实惠，且易于维护。

△ 仿真花　　　　　　　　　　　　　　　△ 干花

要发挥不同材质花的优势，需要认真考虑空间的条件，例如，在比较庄重的空间中，必须使用鲜花，这样才能更好地烘托气氛，体现出空间的品质；而在光线昏暗的空间，可以选择干花，因为干花不受采光的限制，而且能展现出本身的自然美。

插花色彩搭配

插花色彩的配置具体可以从两个方面入手：一是花材之间的色彩关系；二是花材与花瓶之间的色彩关系。

花材之间可以用多种颜色来搭配，也可以用单种颜色，要求配合在一起的颜色能够协调。在同一插花作品中，要以一种色彩为主，将几种色彩统一为一种总体色调。插花中所追求的色彩调和就是要使这种总体色调自然而和谐，给人以舒适的感觉。

花材的合理配置，还应注意色彩的重量感和体量感。例如，在插花的上部用轻色，下部用重色；或者是体积小的花材用重色，体积大的花材用轻色。

△ 值得借鉴的插花方案

△ 单种颜色的花材加入一些白色小花的点缀，给人以美感的同时又不显单调

△ 如果插花选用了多种颜色的花材，要以一种色彩为主，将几种色彩统一成一种总体色调

插花讲究花材与花瓶之间的和谐美，花瓶的色泽选择宜清雅素淡或斑斓艳丽，都需要与所选花材相结合。花材的颜色素雅，花瓶色彩不宜过于浓郁繁杂；花材的颜色艳丽繁茂，花瓶色彩可相对浓郁。

一般来说，插花还可以利用中性色进行调和，如黑、白、金、银、灰等中性色的花瓶，对花材有调和作用。

空间的整体色调偏深，花材与花瓶之间形成一种高明度的色彩对比，增加了视觉亮点。

△ 选择中性的白色花瓶，能更好地衬托出色彩艳丽的花材

△ 花材与花瓶采用同一色调，更好地表现出空间的浪漫主题

插花风格搭配

插花不仅可以提升装饰效果，同时作为家居空间氛围的调节剂也是一种不错的选择。有的插花代表高贵，有的插花代表热情，利用好不同的插花就能创造出不同的空间情调。

◎ 欧式风格插花

欧式风格插花具有西方艺术的特点，不讲究花材个体的线条美和姿态美，只强调整体的艺术效果。在花材的选择上，欧式插花通常风格热烈、简明，会用大量不同色彩和质感的花进行组合，整体显得繁盛、热闹。

欧式风格插花的花材种类多、用量大，追求繁盛的视觉效果，所选花材还具有一定礼仪含义，常见的插花形式有半球形插花、三角形插花、圆锥形插花等类型。

◎ 中式风格插花

中式风格插花追求花材的自然之美，赋予花材丰富的内涵与象征意义，并注重花材与花瓶、几架以及摆放环境的统一。造型上讲究形似自然，不能有明显的人工痕迹，花材往往选用身边常见的材料，如路边的野花野草、枯树枝等，使其焕发出新的魅力。

△ 中式风格的插花取材具有自然野趣，毫无刻意造作之气

△ 松柏盆景在传统文化中寓意美好，常出现在中式风格的空间中

◎ 乡村风格插花

乡村风格在美学上崇尚自然美感，突显朴实风味，插花和花瓶的选择也应遵循自然朴素的原则。花瓶不要选择形态过于复杂和精致的，花材也多以小雏菊、薰衣草等小型花为主，随意插摆即可。乡村风格插花可以在一个空间中同时摆放多个，或者组合出现，营造出随意自然的氛围。

△ 乡村风格插花通常随意插摆，营造出乡野自然的感觉

◎ 现代风格插花

现代风格的家居空间一般选择造型简洁、体量较小的插花作为点缀，数量不宜过多，一个空间最多摆放两处。花瓶造型以线条简单或几何形状为佳，白绿色的花艺或纯绿植与简洁干练的空间是最佳搭配。

△ 现代风格插花的追求造型简洁，体量不宜过大

◎ 日式风格插花

日式家居风格一直受日本和式建筑影响，强调自然主义，重视居住的实用功能。插花的点缀同样也不追求华丽名贵，表现出纯洁和简朴的气质。

日式风格插花以花材用量少、选材简洁为特征。虽然插花造型简单，却表现出无穷的魅力。在花瓶的选择上以简单古朴的陶器为主，其气质与日式风格自然简约的空间特征相得益彰。

△ 日式插花以花材用量少、选材简练为特征，造型上以线条为主，讲究意境，崇尚自然

家居插花的步骤

大片奔放的花朵如芍药、玫瑰、郁金香等拥有鲜艳夺目的色彩和饱满厚实的花瓣，芳香扑鼻，喜气洋洋。簇簇丛丛的碎花如绣球、小扣菊、勿忘我、丁香花、刺芹等，淡雅清新，精致低调。细细密密扎成一束，也能给空间增添优雅趣味。方便打理的草类如尤加利叶、黄金球等叶子类植物，即使干了也能保持原样，维持永生，是制作干花的常用花材。

01 购买花材时，有些花店会在花茎末端附上一支含有保鲜液的保鲜管，通常花束在不插瓶水的状态下约可维持 2 ~ 3 天的养分，但如果只是买来自己欣赏，最好回到家马上整理并将保鲜管拔除。

02 无论自家种植的还是去花店购买的花材，都要适当地进行清洁和整理。先将花茎浸于水中，再截断过长的部分，这样可以避免空气里的气泡跑进切口处，从而阻碍花茎微管束的通畅，造成日后吸水不畅。

03 花茎切口修剪成斜面或十字切口，以增加吸水面积；记得将花茎上的叶量修掉1/2以上，避免养分过度消耗和泡水腐烂。

04 修剪整理完毕后，尽快将花束放入盛水的瓶器中，插花的高度是花瓶高度的1.5 ~ 2倍，瓶水水位约1/3瓶高即可。

05 随时都要保持瓶水干净，才能确保开花质量与延长观赏期。如果有些花朵叶、果开始出现凋萎，就随手修剪掉，以保持美观和卫生。

有浓烈香味的花如百合、紫罗兰、夜来香、茉莉花等的香味可能对睡眠有影响，所以不宜放在卧室。但是可以放在卫浴间、厨房以遮盖一些气味。

有轻微毒性的花如朱顶红、水仙、茉莉、郁金香等的汁液带有毒性，如果手上有伤口，可能被感染，平时触碰汁液后，要及时洗手。所以不适合长期放在餐厅、卧室，适宜放在客厅、过道处。

第七章

摆件和墙面装饰品的应用

家居空间中摆放一些精致的工艺品，不仅可以充分展现出居住者的品位，还可以提升空间的格调，但需要注意搭配的要点。墙面装饰品是指利用实物及相关材料进行艺术加工和组合，材质包括树脂、铁艺、陶瓷、玻璃、木质等，不同材质与造型的装饰品能给空间带来不一样的视觉感受。

摆件的材质类型

 陶瓷摆件

　　陶瓷类的摆件大多制作精美，有些还有极高的艺术收藏价值。将军罐、陶瓷台灯以及青花瓷摆件是中式家居软装中的重要组成部分；寓意吉祥的动物如貔貅、小鸟以及骏马等造型的陶瓷摆件可以成为空间中的点睛之笔。

陶瓷将军罐带白玉流苏
约 **300** 元 / 个

新中式陶瓷将军罐储物摆件
约 **500** 元 / 组

陶瓷镏金花瓶
约 **200** 元 / 个

粗陶花瓶摆件
约 **300** 元 / 个

树脂抽象镏金马摆件
约 **350** 元 / 组

陶瓷醒狮摆件（大号）
约 **360** 元 / 个

木质摆件

木质工艺品摆件以木材为原材料加工而成，给人一种原始而自然的感觉。例如，原木色的木雕摆件总能给人带来清新自然的视觉感受；实木相框有一种复古而且优雅的味道，经久耐用；根雕是中国的非物质文化遗产，摆放在家中宛如一件艺术收藏品。

原木树根切面摆件
约**600**元/个

宜兴紫砂壶
约**300**元/个

文房四宝
约**200**元/套

立体拼图中国古建筑木质手工拼装模型
购买成本约**50**元/幅（拼组费用另计）

老树桩枯木崖柏摆件
约**400**元/个

蓝色仿古实木相框摆台（5寸、6寸）
约**200**元/套

水洗白拉丝原木台灯
约**200**元/盏

原木创意相框组合挂画（一组9宫格）
约**1000**元/套

金属摆件

金属摆件以金属为主要材料加工而成，具有厚重、典雅的特点。例如，铁艺鸟笼可以和谐地融入居室环境中，既可以把它当作花瓶，也可以往里面放一些小摆件，还能把它作为吊灯的灯罩；组合型的金属烛台常用于欧式软装风格空间中，可以增添家居生活情趣。

黑色陶瓷花瓶（大号）
约 **300** 元/个

仿古镀银儿童放牛摆件
约 **250** 元/个

玻璃花瓶（40cm 高）
约 **80** 元/个

紫光檀鸟笼工艺品木质摆件
约 **680** 元/个

树脂烛台 5 头
约 **200** 元/个

树脂天使座钟摆件
约 **500** 元/个

金属蚂蚁摆件
约 **400** 元/组

金属脸谱摆件
约 **300** 元/组

水晶摆件

　　水晶摆件具有晶莹剔透、高贵雅致的特点，把水晶烛台应用于新古典风格餐厅中，可为就餐营造精致浪漫的氛围；将水晶地球仪摆放在书房，不经意间体现出居住者浓郁的文化底蕴；色彩单一的卧室，有时可以利用水晶台灯营造气氛。

创意水晶摆件
约 **800** 元 / 组

蓝色皮革收纳盒（2 个一套）
约 **120** 元 / 套

水晶马头摆件
约 **460** 元 / 个

北欧创意网红冷灰大葫芦玻璃花瓶
约 **80** 元 / 个

现代几何水晶摆件饰品
约 **660** 元 / 组

树脂摆件

树脂可塑性强，几乎没有不能制作的造型，而且性价比高。做旧工艺的麋鹿、小鸟、羚羊等动物造型摆件是美式风格中非常受欢迎的软装饰品之一，可营造乡村自然的氛围；工业风格的家居或商业空间中经常摆设复古树脂留声机，富有时代的沧桑感。

树脂海鸥摆件
约 **150** 元 / 个

假书摆件
约 **30** 元 / 本

仿古纯铜翻盖式怀表摆件
约 **280** 元 / 个

黑色树脂创意犀牛摆件
约 **100** 元 / 个

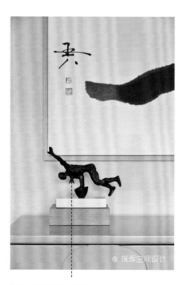

树脂运动人物造型摆件
约 **380** 元 / 个

艺术树脂雕塑摆件
约 **2100** 元 / 个

树脂雕花烛台摆件（5个一组）
约 **600** 元 / 组

摆件常见的摆设形式

 摆件的摆设重点

家居空间中摆放一些精致的工艺品，不仅可以充分地展现出居住者的品位和格调，还可以提升空间的格调，但需要注意搭配的要点。通常同一个空间中的摆件工艺品数量不宜过多，摆设时遵循构图原则，避免在视觉上形成一些不协调的感觉。

选择软装摆件时，要注意尺寸大小的组合。摆件单独摆放时，需考虑与周边家具搭配的协调性，过大或过小都会影响视觉效果。

家居空间中，工艺品的摆放不能杂乱无章，要按照一定的方法进行布置，可以让空间看起来更有仪式感和美观性。通常三角形摆设法和对称式摆设法较为常用。

△ 书与摆件搭配摆设，在保持色彩统一的基础上，也需要遵循一定的摆设原则

相同材质的摆件组合出现时，除了考虑其大小尺寸的问题，也要使其形状有对比性，比如，陶瓷饰品在摆放时，只有采用大小、高矮、形状不同的组合搭配，才能提升整体的装饰效果。

△ 同一个平面上摆设的摆件高低错落，富有层次感

三角形摆设法

三角形摆设法是以三个视觉中心为饰品的主要位置，形成一个稳定的三角形，具有安定、均衡又不失灵活的特点，是最为常用和效果最好的一种方式。正三角形、斜边三角形，甚至看上去不太正规也无所谓，只要摆放时掌握好平衡关系就可以。

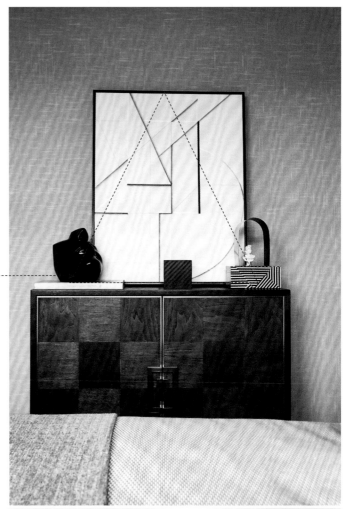

三角形摆设法主要通过对摆件的体积大小和尺寸高低进行排列组合，完成摆设后从正面观看时，摆件所呈现的形状是三角形。

对称式摆设法

　　对称式摆设法是把摆件工艺品利用均衡对称的形式进行布置，可以营造出协调和谐的装饰氛围。

　　如果旁边有大型家具，饰品排列的顺序应该由高到低，以避免视觉上出现不协调感；如果保持两个饰品的重心一致，例如将两个样式相同的摆件并列，就可以制造出韵律美感；如果在台面上摆放较多饰品，那么运用前小后大的摆放方法，就可以达到突显每个饰品特色且层次分明的视觉效果。

© IADC 莱奥设计

　　对称摆设法主要出现在比较有庄重仪式感的场景中，利用均衡对称的手法进行摆设，可以制造出韵律美感。

墙面装饰品的搭配应用

挂毯

　　挂毯也称壁毯，一般作为室内的壁面装饰，其原料和编织方法与地毯相同。挂毯的制作除了可以在传统栽绒地毯的工艺基础上进行，也可以借用其他编结工艺的手法，如编、织、结、绕扎、串挂、网扣等。家居空间使用挂毯一般以小型为主。无论点缀床头背景墙，还是悬挂在客厅、玄关、餐厅中，都能展现出其独特的魅力。

　　客厅是家庭日常活动的主要场所，因此挂毯的设计既要考虑居住者本身的文化修养等情况，也要考虑挂毯所体现的精神与文化。卧室是供人睡眠或休息的地方，挂毯的图案可选择风景、植物、花卉等内容，整体色调也以柔和为主。由于玄关与过道空间的面积一般较小，因此搭配的挂毯幅面也要相对小一些。

△ 北欧风格餐厅墙面的几何纹样挂毯

△ 沙发墙中间的挂毯取代了装饰画

△ 卧室床头柜上方的挂毯中和了金属材质的冷感

● 装饰镜

　　装饰镜造型的多样化，使它逐渐成为家居软装搭配中的重要组成部分。对居室进行设计时应尽量选择一些装饰性比较强的镜面，和室内的家具相互协调搭配，以此来提升空间品质。

　　极简镶边的装饰镜通常和细腿家具形成完美的呼应；馏金的装饰镜适合和油画摆在一起，以提升气场；有着古朴花纹的古董镜装饰性强，细心雕琢的镜框宛如艺术品；复古风格的镜框能够营造出浓郁的怀旧风情；有些装饰镜的外围有一圈树枝拼成的图案，在充满现代感的设计中，融合了自然清新的气息。

△ 极简镶边的装饰镜适合搭配细腿家具

△ 由一圈树枝造型组成的装饰镜框，于现代中透露出自然气息

△ 馏金的装饰镜适合搭配油画，体现出空间的华贵感

更多时候，装饰镜不是为了供人使用，可以像装饰画一样组合拼贴，打造类似照片墙的装饰效果。例如，把一些边角经过圆润化处理的小块镜面组合拼贴在墙面上，通过简单的排列实现出不同的装饰效果，富于变化的造型带来更加丰富的空间感觉。

在空间狭小、层高低矮的房间里，适当运用装饰镜可以扩展和延伸空间，从视觉上减少狭窄感。将装饰镜布置在一些光线比较弱的地方，利用折射的原理将自然光线或其他空间的灯光引入，可以使房间提亮，也可消除空间的压迫感。

一般来说，装饰镜的最小宽度为 0.5m，大型的装饰镜可达 1.7 ~1.9m。如果想要将装饰镜作为视觉焦点，就挂在地面以上 1.6~1.65m 处。小装饰镜或一组小装饰镜中心应处于眼睛平视的高度，太高或者太低都可能影响日常使用。

△ 挑高的客厅空间墙面把多幅装饰镜拼贴在壁炉上方，可营造多重视觉感

装饰镜的位置首选与窗户平行的墙面，如果条件不够，可在装饰镜的对面挂画或摆设花艺绿植等增强反射对象的美观性。

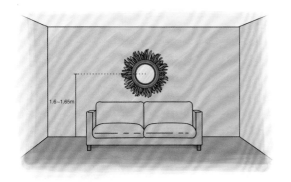

△ 装饰镜悬挂的合适高度

1.6~1.65m

家居空间的装饰镜有圆形、方形、多边形以及不规则形等各种各样的造型，每一种形状都有它的独特性，能产生不同的视觉效果。

圆形装饰镜分为正圆形与椭圆形。简单镜框的圆形装饰镜让空间有一种简洁明了的氛围，而带花边镜框修饰的圆形装饰镜则显得艺术感十足。椭圆形装饰镜更注重实用，而且，人们通常选择椭圆形以获得美丽的曲线和更实用的功能，因为其形状节省空间并且可以反射面积大。

正方形装饰镜可以是纯粹装饰性或功能性的。长方形装饰镜具有最大的反射面积。

△ 椭圆形装饰镜

圆形装饰镜最大的特点就是造型圆润，具有艺术感。圆形装饰镜的造型看似简单，但形状是比较难打磨出来的，相比于方形装饰镜子，给人的感觉更加新颖。

方形装饰镜以正方形或长方形居多。特点是简单实用，反射面积大。一般竖型的长方形装饰镜照到人体的面积比较多，方便人们观察自己的形象。

多边形装饰镜棱角分明，线条不失美观，整体风格较为简约现代，是除方形装饰镜外不错的选择。有的多边形装饰镜带有金属镶边，增添了一些奢华感。

不规则形装饰镜相比于圆形装饰镜更加艺术化，并且发挥想象的空间更大，渲染的空间氛围也更加强烈。

△ 不规则形装饰镜

装饰挂盘

挂盘的主题风格多种多样，如清新淡雅、活泼俏皮、简洁明艳、复古典雅、华丽繁复、个性前卫、具有浓郁民族风等，具体就要结合家居的特色加以选择。

装饰挂盘的组合可以多样化，其摆放的空间也可以很灵活，不拘一格。除了可以悬挂在大白墙上，橱窗、层架、玄关、窗沿、门框等位置都可以尝试用挂盘装饰，制造出令人眼前一亮的视觉效果。挂盘一般都以组合的形式出现，盘子的大小、材质、形状可以不同，但挂盘里的盘饰图案要形成一个统一的主题，或者形成统一的风格，避免杂乱无章，否则，会破坏整体的画面感与表现力。排布方式可以随性无规律，也可以带点渐变，或者创造出自己的纹样。

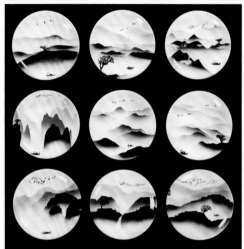

△ 在过道端景墙上悬挂一组装饰挂盘，让转角处成为一道风景

△ 以组合的形式出现的装饰挂盘，盘饰图案要形成一个统一的主题

挂盘上墙一般有规则排列和不规则排列两种装饰手法。当挂盘数量多、形状不一、内容各异时，可以选择不规则排列方式。建议先在平地上设计挂盘的悬挂位置和整体形状，再将其贴到墙面上。当挂盘数量不多、形状相同时，可采用规则排列的方式。

　　对于比较轻的挂盘，可在其背面黏上海绵胶，再在盘底四周打上玻璃胶，就可以将挂盘贴在墙上，这种方法不会损坏墙面。如果是较重的盘子，最好在盘子下方加钉两个钉子进行固定，但这样会在一定程度上降低美观性。除了本身自带挂钩的挂盘，还可以用铁线自制挂钩，用铁线做出挂钩形状将挂盘上下卡紧、固定，再挂于墙面即可。此外，还可以在墙面钉上两三层搁板，将挂盘摆放在搁板上，只要搭配得当，同样能产生美观的装饰效果。

△ 装饰挂盘规则排列

△ 装饰挂盘不规则排列

装饰挂盘安装示意图

| 第一步 | 第二步 | 第三步 | 第四步 |

挂钟

墙面上放置挂钟是一种很好的选择，既可以起到装饰效果，又具有实用性。挂钟品牌很多，选择挂钟主要看挂钟的机芯和外观。现在的挂钟已经做到了全静音，原理是摒弃以往钟芯嘀嗒嘀嗒的运动方式，采用扫描式运动从而达到静音的效果。

通常浅色墙面搭配黑色、绿色、蓝色、红色等深色系挂钟，以起到画龙点睛的效果。深色墙面适合搭配白色、灰色系的挂钟。

挂钟一般有直径 25cm、30cm、38cm、40cm、46cm、50cm、68cm 等尺寸，很多人习惯用英寸来选择，如 10 英寸、12 英寸、14 英寸、16 英寸、18 英寸、20 英寸等，一般，挂在餐厅的尺寸为直径 30~40cm，挂在客厅的尺寸为直径 35~50cm，挂在卧室的尺寸为直径 30~40cm，挂在书房、过道、玄关等其他墙面的尺寸为直径 25~38cm。

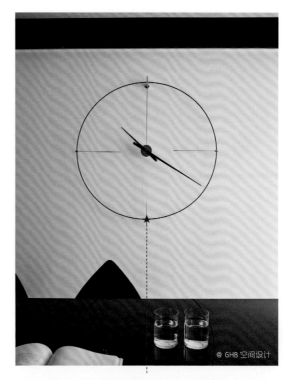

nomon 挂钟是全球室内挂钟的风向标，浓郁的艺术气息，使挂钟不仅是一个生活实用品，还是一件艺术品，成为提升空间格调的风景线。

△ 深色墙面适合搭配白色、灰色系列的挂钟

△ 现代简约风格挂钟

△ 美式风格挂钟

在购买挂钟时，不要把挂钟的直径在手上比画来判断挂钟的大小，因为挂钟是挂在墙上远观的，视觉差会导致本来很大的挂钟看起来刚刚好，看起来刚刚好的挂钟挂在墙上显得小。

第八章

装饰画和照片墙的悬挂方法

装饰画是墙面不可或缺的"妆容"，不同风格的装饰画传递出截然不同的居室风格。不同的室内空间也因为装饰画的不同而让人产生不同的心理感受。照片墙是最近几年比较流行的一种墙面装饰形式。它的出现不仅带给人良好的视觉感，同时也让家居空间变得十分温馨且具有生活气息。

@ GHB 空间设计

装饰画类型选择

装饰画选择要点

如果不想通过后期施工对墙面色彩和图案进行处理，那么装饰画就是快速改变墙面"妆容"的利器。

选择装饰画的首要原则是与空间的整体风格一致；其次，不同的空间可以悬挂不同题材的装饰画，还有采光、背景等细节也是选择装饰画时需要考虑的因素。装饰画的色彩要与室内空间的主色调进行搭配，一般情况下，两者之间应尽量做到色彩的有机呼应。

通常，古典类风格空间适合较为具体的内容，画面也较为精细，体现其稳重大气的内在。现代风格、禅意风格或者混搭个性风格空间适合选择抽象画。

△ 圆形符号在中国传统文化中具有吉祥的寓意，所以中式空间中较多出现圆形装饰画

△ 以中性色为主的现代简约风格的空间中，装饰画的色彩往往成为点睛之笔

装饰画制作类型

在软装设计中，装饰画主要分为机器印刷画、定制手绘画和实物装裱画三大类。机器印刷画里含有成品的画芯。画芯品质不论高低，均统称为机器印刷画。定制手绘画多种多样，包括国画、水墨画、工笔画、油画等，这些各式各样的画品都是手绘类的不同表现形式。还有一类是实物装裱画，也称为装置艺术，比如平时看到的一些工艺画品，它的画面是由许多金属小零件或陶瓷碎片组成的。

类型	特点	制作周期
机器印刷画	家居空间中最为常见的装饰画类型，价格相对较低，几十元到几百元不等，但表面比较光滑，缺乏立体感	画芯、卡纸及画框装裱，一般需要1~2周时间
定制手绘画	视觉上显得自然，有墨迹立体感，可以水洗、不掉色，具有一定的收藏价值，根据作者的收费不同，几百元或几百万元不等	通常需要20~50天的绘制时间，加上画框装裱的时间，一般需要1~2个月时间
实物装裱画	将一些实物作为装裱内容，立体感较强，让人耳目一新。根据内嵌的物品不同，价格差别比较大	先制作实物画芯，然后排列画面里的所有材料，再进行粘贴或一些其他工艺的加工，一般需要2~3周时间

装饰画风格类型

◎ 欧式风格装饰画

欧式古典风格的装饰画，通常会选择复古题材的人物画或风景画。如一些古典气质的宫廷油画、历史人物肖像画、花卉以及动物图案等，色彩明快亮丽，主题传统生动。

装饰画的画框可以选择描金或者金属加以精致繁复的雕刻，在材质、颜色上与家具、墙面的装饰相协调。金色画框显得奢华大气，银色画框彰显沉稳低调。通常厚重质感的画框对古典油画的内容、色彩可以起到很好地衬托作用。

◎ 中式风格装饰画

中式古典风格气质古朴优雅，搭配国画是最佳选择。新中式风格装饰画一般采取大量的留白，渲染唯美诗意的意境。一般为水墨画或带有中式元素的写意画，例如完全相同或主题成系列的山水、花鸟、风景等装饰画。

◎ 美式乡村风格装饰画

美式乡村风格以自然怀旧的格调突显舒适安逸的生活。美式乡村风格装饰画的主题多以自然、动植物或怀旧的照片为主，尽显自然乡村风味。画框多为做旧的棕色或黑白色实木框，可以根据墙面大小选择一定数量的装饰画错落有致地摆列。

◎ 现代简约风格装饰画

现代简约风格中，装饰画选择范围比较广，抽象画、概念画以及未来题材、科技题材的装饰画等都可以。选择色彩上带亮黄、橘红的装饰画能点亮视觉，暖化大理石、钢材构筑的冷硬空间。

△ 现代简约风格空间常见以黑、白、灰三色为主的装饰画

◎ 现代轻奢风格装饰画

现代轻奢风格室内空间于细节中彰显贵气，抽象画的想象艺术能更好地融入这种矛盾美的空间中，既可以在墙上挂一幅装饰画，也可以把多幅装饰画拼接成大幅组合，制造强烈的视觉冲击。轻奢风的装饰画画框以细边的金属拉丝框为最佳选择。

◎ 波普风格装饰画

波普风格通过塑造夸张、大众化、通俗化的风格展现波普艺术。色彩强烈而明朗，设计风格变化无常，浓烈的色彩充斥着大部分视觉，波普风格装饰画通常采用重复的图案、鲜亮的色彩渲染大胆个性的氛围。

△ 多幅装饰画拼接成大幅组合，形成现代轻奢空间中的视觉焦点

△ 波普风格的装饰画具有图案重复、色彩鲜亮的特点

装饰画色彩搭配

 ## 影响装饰画色彩搭配的因素

装饰画的作用是调节居室气氛，主要受到房间的主体色调和季节因素的影响。

从房间色调来看，一般可以大致分为白色、暖色调和冷色调。以白色为主的房间选择装饰画没有太多忌讳；但是以暖色调和冷色调为主的居室最好选择相反色调的装饰画，例如，房间是暖色调的黄色，那么装饰画最好选择蓝、绿等冷色系的，反之亦然。

从季节因素来看，装饰画是家中最方便进行温度调节的元素，冬季适合暖色，夏季适合冷色，春季适合绿色，秋季适合黄橙色，当然，这种变化的前提就是房间是白色或者接近白色的浅色系。

△ 暖色系装饰画适合冷色调的空间

△ 冷、暖色调形成碰撞的装饰画组合富有趣味性，成为客厅中的视觉焦点

△ 冷色系装饰画适合暖色调的空间

画芯和画框的色彩搭配

通常装饰画的色彩分成两块，一块是画框的颜色，另一块是画芯的颜色。搭配的原则是画框和画芯的颜色中需要有一个和空间内沙发、桌子、地面或者墙面的颜色相协调，这样才能给人和谐舒适的视觉感受。最好的办法是画芯色彩的主色从主要家具中提取，而点缀的辅色可以从饰品中提取。

△ 银色画框

选择合适的画框颜色可以很好地提升作品的艺术性，比较常见的画框颜色有原木色、黑色、白色、金色、银色等。画框颜色要根据画面本身的颜色和内容来定。一般情况下，如果整体风格相对和谐、温馨，画框宜选择墙面颜色和画面颜色的过渡色；如果整体风格相对个性，装饰画也偏向于墙面颜色的对比色，则可采用色彩突出的画框，形成更强烈和动感的视觉效果。

△ 彩色画框　　　　　　　　　△ 原木色画框

△ 从房间内的主要家具中提取装饰画的色彩，给人整体和谐的视觉感受

△ 从抱枕等小物件中提取装饰画的色彩，并通过纯度的差异制造层次感

装饰画悬挂方法

 挂画法则

装饰画悬挂法则图可作为墙面挂画的参考。其中，视平线的高度决定了挂画的合理高度；梯形线让整个画面具有稳定感；轴心线对应空间的轴心，沙发、茶几、吊灯以及电视墙的中心线都可以在轴心线上，与之呼应；A 的高度要低于 B 的高度，C 的角度在 60°～80° 之间。

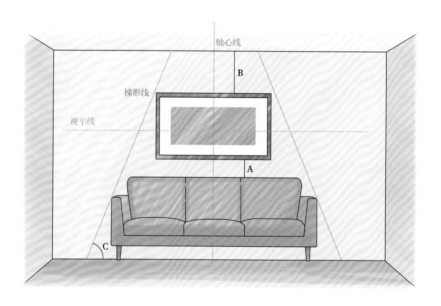

△ 装饰画悬挂法则图

挂画尺寸与比例

通常，人站立时视线的平行高度或者略低的位置是装饰画的最佳观赏高度。如果是两幅一组的装饰画，中心间距最好是在 7~8cm 左右。这样才能让人觉得这两幅画是一组，眼睛看到这面墙，只有一个视觉焦点。如果在空白墙上挂画，最好的挂画高度就是画面中心位置距地面 1.5m。

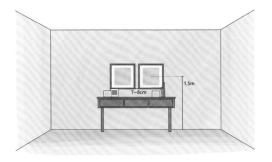

△ 装饰画悬挂尺寸

装饰画和墙面的比例

◇ 墙面的宽度 ×0.57 = 最理想的挂画宽度。

◇ 如果想要挂一组画，就先把一组装饰画想象成一个单一的个体。

装饰画的高度还要参照周围摆件，一般以摆件的高度和面积不超过装饰画的 1/3 为宜，并且不能遮挡画面的主要表现点。

餐厅中的装饰画要挂得低一点，因为一般都是坐着吃饭，视平线会降低。

单幅画和多幅画的悬挂

悬挂单幅装饰画应注意所在墙面一定要足够开阔，避免产生拥挤的感觉。应把整个墙面作为背景，让装饰画成为视觉中心。除非遮盖住整个墙面的装饰画，否则就要注意画面与墙面之间的比例，左右、上下一定要适当留白。

如果想要在空间中挂多幅装饰画，就要考虑画和画之间的距离，两幅相同的装饰画之间的距离一定要保持一致，但是不要过于规则，还需要有一定的错落感。一般多为 2~4 幅装饰画以横向或纵向均匀对称分布，画框的尺寸、样式、色彩通常是统一的。

△ 将单幅装饰画作为空间的视觉中心，注意与整体色彩协调和呼应

△ 悬挂多幅装饰画除了注意画面内容的统一，还应考虑画和画之间的距离

七种常见的挂画形式

◎ 对称挂法

多为 2~4 幅装饰画以轴心线为准，采用横向或纵向的形式均匀对称分布，画与画之间的间距最好小于单幅画的 1/5，达到视觉上的平衡效果。画框的尺寸、样式以及色彩通常是统一的，画面最好选择同一色调或同一系列的内容，这种方式比较保守，不易出错。

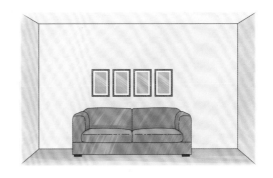

△ 对称挂法

对称挂法的画面内容最好选设计好的固定套系，如果想单选画芯搭配，一定要放在一起比对看是否协调。

常见对称挂法示意图

  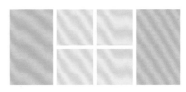

◎ 宫格挂法

是最不容易出错的方法。只要用统一尺寸的装饰画拼出方正的造型即可。悬挂时上下齐平，间距相同，一行或多行均可。画框和装裱方式通常是统一的，6幅一组、8幅一组或9幅一组时，最好选择成品组合。而单行多幅连排时画芯内容可灵活些，但要保持画框的统一性。

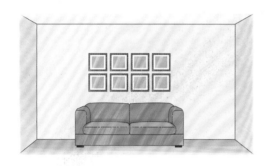

△ 宫格挂法

宫格挂法能制造强大的视觉冲击力，不过不适合房高不足的房间，通常适合过道等空间面积很大的墙面。

常见宫格挂法示意图

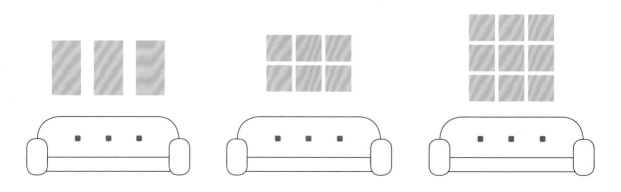

◎ 混搭挂法

采用一些挂钟、工艺品挂件来替代部分装饰画，并且整体混搭排列成方框，形成一个有趣的更有质感的展示区。排列组合的方式与装饰画的挂法相同，只不过把其中的部分画作用饰品替代而已。这样的组合适用于墙面和周边比较简洁的环境，否则会显得杂乱。

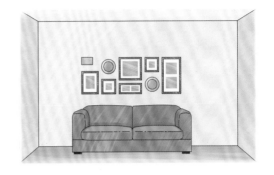

△ 混搭挂法

将装饰画与饰品混搭排列成方框是一种时尚且启发创意的方式，具体可根据个人爱好选择饰品，但一定不要太重，以免掉落。

常见混搭挂法示意图

◎ 水平线挂法

水平线挂法分为上水平线挂法和下水平线挂法。上水平线挂法是将画框的上缘保持在一条水平线上，形成一种将画悬挂在一条笔直绳子上的视觉效果。下水平线挂法是指无论装饰画如何错落，所有画框的底线都保持在同一水平线上，相对于上水平线挂法，这种排列的视觉稳定性更强，因此画框和画芯可以多些变化。

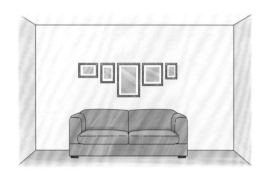

△ 上水平线挂法

△ 下水平线挂法

◎ 阶梯排列法

楼梯的照片墙最适合用阶梯排列法，核心是照片墙的下部边缘要呈现阶梯向上的形状，符合踏步而上的节奏。不仅具有引导视线的作用，而且表现出十足的生活气息。这种装饰手法在早期欧洲盛行一时，特别适用于房高较高的房子。

常见阶梯排列法示意图

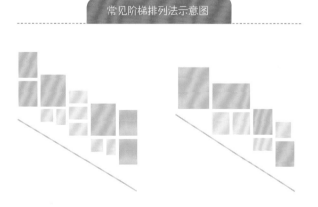

△ 阶梯排列法

◎ 对角线排列法

以对角线为基准，装饰画沿着对角线分布。组合方式多种多样，最终可以形成正方形、长方形、不规则形等。

△ 对角线排列法

常见对角线排列法示意图

 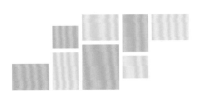 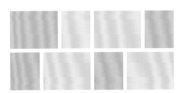

◎ 搁板陈列法

当装饰画置于搁板上时，可以让小尺寸装饰画压住大尺寸装饰画，将重点内容压放非重点内容前方，这种方式给人视觉上的层次感。

△ 搁板陈列法

常见搁板陈设法示意图

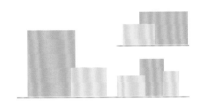 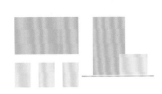 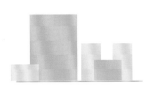

照片墙选择重点

 照片墙内容选择

在家居空间中，并不是任何照片都适合上墙的，还得考虑主题内容是否和其他照片保持一致，主体颜色是否会打乱空间的搭配。

如果是居住者自己拍的照片，画面内容不大统一，可以用黑白色调；如果是杂志的内页，可把喜欢的图片小心地裁剪下来装框，最好是同一期的杂志，这样色调就不容易混乱；如果是个人的画作，注意画的类型保持一致，不能素描、水彩混合搭配，推荐选择简笔画。除了电影、音乐或明星海报以外，还可以购买一些插画师、摄影师、艺术家的作品。

△ 虽然照片墙内容看似杂乱无章，但统一的色调同样可以表现出画面的和谐感

△ 以孩子涂鸦、画作为内容的照片墙，给空间增添了童趣

△ 将所有的记忆都挂在墙上，制作出一份只属于自己的独家记忆

照片墙风格类型

◎ 北欧风格照片墙

　　相框往往采用木质制作，和本身质朴天然的风格达到协调统一。

◎ 现代风格照片墙

　　相框在色彩选择上可以更加大胆，组合方式上也可以更个性化，比如心形或菱形等特殊形状。

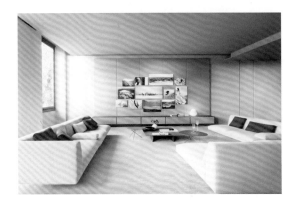

◎ 美式乡村风格照片墙

　　一些做旧的木质相框更能表现出复古自然的格调，也可以采用挂件工艺品与相框混搭组合布置的手法，形式上更为丰富。

◎ 欧式风格照片墙

　　可以选择质感奢华的金色相框或者雕花相框，并尽量选择规整的排列组合形式，以免破坏华丽典雅的整体氛围。

照片墙制作方法

照片墙色彩搭配

照片墙应考虑整体色彩的搭配。如果担心彩色照片显得太乱，可以整体用黑白色调，或者找个时间拍一组统一色调的照片。

相框的颜色同样至关重要，在实际选择中，应避免相框颜色和照片的主色相同。如果无法避免相同，那就用白纸先框住照片，再挂上相框，使得照片和相框之间留白。

一般白色的墙面，相框的组合颜色不要超过三种，常以黑色、白色、胡桃色为主。对于有射灯的墙面，建议选用深色的相框，如黑色、红木色、褐色、胡桃色等。

△ 如果担心彩色照片墙显得太乱，整体统一的黑白色照片墙是比较稳妥的选择

彩色照片墙应尽量统一色调，并且最好与室内的抱枕、插花等其他软装小物件形成呼应

△ 如果上方有射灯，黑色、褐色等深色类的相框能更好地衬托出画面

照片墙尺寸设置

照片墙的设计不仅要考虑整体环境，还需要考虑尺寸大小的问题。相框尺寸选择余地很大，具体可根据照片的重要性和对它的喜爱程度，进行尺寸的强调或者弱化。如果是有纪念意义的照片，可以选择大的尺寸；一些随手拍回来的风景或者特写照片，则可以用小一些的尺寸。布置时可以采用大小组合，在墙面上形成一些变化。

规格	可放照片尺寸	卡纸开口
5寸	8.8cm×12.8cm	无卡纸
6寸	10cm×15cm	无卡纸
7寸	12.8cm×17.8cm	8.8cm×12.8cm，5寸
8寸	15cm×20cm	10cm×15cm，6寸
10寸	20.3cm×25.3cm	15cm×20cm，8寸
12寸	25.4cm×30.5cm	20.3cm×25.3cm，10寸
A4	21cm×329.7cm	15cm×20cm，8寸

一般情况下，照片墙最多只能占据2/3的墙面空间，否则会给人造成压抑感。如果是平面组合，相框之间的间距以5cm最佳，太远会破坏整体感，太近会显得拥挤。宽度2m左右的墙面，通常比较适合6~8框的组合样式，太多会显得拥挤，太少难以形成焦点。墙面宽度3m左右，建议考虑8～16框的组合。

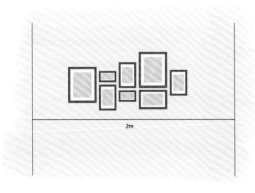

宽度2m左右的墙面，
通常比较适合6~8框的照片墙样式。

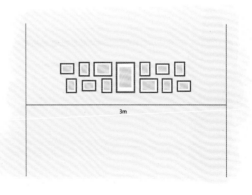

宽度3m左右的墙面，
建议考虑8～16框的照片墙样式。

照片墙制作流程

准备材料

01

装饰照片墙之前，应准备好相关的照片，装裱照片用的相框以及安装相框的工具等。建议入住后再装饰照片墙，一来节省人工成本，二来还能避免甲醛污染。

构思样式

02

应考虑好安放照片的墙面大小和组合方式，这样才能够安排好不同照片的分布，裁剪好每张照片的大小，完成整个照片墙设计。如果想设计成对称的组合样式，那么就将相同尺寸的照片分成两组，以便安装时能分清楚。

安装上墙

03

将整体形状设计好后，就可以安装照片了。在安装的过程中，建议先将大照片排列进去；如果是对称图形的话，就从中心点摆起，这样做有利于拼凑形状。如果相框大而笨重，位置较高，最好请人安装，可避免出现安全问题。

调整间距

04

不管哪种组合样式，都应遵循照片与照片之间的距离保持一致的原则，这样视觉上比较舒服，能达到乱中有序的效果。建议照片间的距离和学生用尺的宽度相同，测量时将尺子放到两张照片中间即可，这是简单且准确的的测量方法。

修正照片

05

调整距离后，站在远处正视照片墙，如果有看起来不舒服，或者比较碍眼的地方，就可以及时调整照片的摆放方案，但注意需要遮住打孔的位置。